知识生产的原创基地
BASE FOR ORIGINAL CREATIVE CONTENT

颉腾商业
JIE TENG BUSINESS

ZUKUNFTS
FÄHIG
IM
JOB

CHANCEN ERKENNEN
UND GELASSEN
IN DIE NEUE
ARBEITSWELT STARTEN

终身成长

未来职场的
7大核心竞争力

[德] 布什·霍尔菲尔德·卡特琳 著
（Katrin Busch Holfelder）

王贯虹 译

中国广播影视出版社

图书在版编目（CIP）数据

终身成长：未来职场的7大核心竞争力/（德）布什·霍尔菲尔德·卡特琳著；王贯虹译．——北京：中国广播影视出版社，2022.3

ISBN 978-7-5043-8802-5

Ⅰ．①终⋯ Ⅱ．①布⋯ ②王⋯ Ⅲ．①成功心理—通俗读物 Ⅳ．① B848.4-49

中国版本图书馆 CIP 数据核字 (2022) 第 030671 号

Original Title: Zukunftsfähig im Job: Chancen erkennen und gelassen in die neue Arbeitswelt starten
Copyright © 2020 GABAL Verlag GmbH, Offenbach. All rights reserved.
Published by GABAL Verlag GmbH
Illustrations by: Nathalie Michel | www.nathaliemichel.de
Simplified Chinese rights arranged through CA-LINK International LLC (www.ca-link.cn)
Simplified Chinese Characters language edition Copyright © 2022 by Beijing Jie Teng Culture Media Co., Ltd. All rights reserved.

北京市版权局著作权合同登记号 图字：01-2022-0358 号

终身成长：未来职场的7大核心竞争力

[德] 布什·霍尔菲尔德·卡特琳　著
王贯虹　译

策　　划	颉腾文化
责任编辑	王　萱　赵之鉴
责任校对	张　哲
出版发行	中国广播影视出版社
电　　话	010-86093580　010-86093583
社　　址	北京市西城区真武庙二条9号
邮　　编	100045
网　　址	www.crtp.com.cn
电子信箱	crtp8@sina.com
经　　销	全国各地新华书店
印　　刷	北京市荣盛彩色印刷有限公司
开　　本	880 毫米 ×1230 毫米　1/32
字　　数	114（千）字
印　　张	6
版　　次	2022 年 3 月第 1 版　2022 年 3 月第 1 次印刷
书　　号	ISBN 978-7-5043-8802-5
定　　价	49.00 元

（版权所有　翻印必究·印装有误　负责调换）

# 致 谢

衷心感谢在本书编纂、出版过程中以各种形式给予我帮助的每一位朋友。无论与我就变革时代中可持续发展能力和个人发展主题所展开的私人交流，还是对本书内容层面的知识结构设计，抑或种种反思交流、语言反馈或插图设计等，所有这些都令我受益匪浅。

亲爱的读者和学员朋友们，衷心感谢你们对我的坦诚和信任。通过与你们多年的沟通和交流，我积累了丰富的辅导经验和实践案例。感谢弗洛肯豪斯·乌特，是你给予了我继续这个项目的勇气，衷心感谢你的支持和精确反馈。布利坎·丹妮拉，感谢你在与我的谈话过程中为我提供了许多关于积极心理学的理论和背景知识。亲爱的安娜，感谢你和我一起不断积累新的知识并尝试新的方法。感谢卡伦在项目之初付出的努力，以及卡洛琳和卡蒂，感谢你们在项目结束时从同事角度提供的宝贵反馈。感谢娜塔莉在插图工作中提供的宝贵帮助。衷心感谢施尔德·安克在编辑工作中与我展开的愉快合作，以及 Gabel 出版社对我的信任。特别感谢克里波斯·珊德拉作为项目主管给予我的帮助和支持。

衷心感谢我的家人和朋友给予我的支持。

感谢马丁对这个项目的支持，感谢你提出的许多启发性探讨、细致入微的评价修改以及管理角度的指正建议。感谢约翰和朱利叶斯，感谢你们在我利用大量周末和假期的时间致力于完成这本书的情况下，给予我的鼓励和支持。感谢乌特、史蒂芬和比尔吉特，感谢你们一直陪伴在我的身边，敞开心扉并提供反馈意见。谢谢你本贾，谢谢你乔治，感谢你们一直以来帮我维持生活与工作的平衡。

前言

当今世界正处于前所未有的高速运转之中。数字化和人工智能几乎被应用于所有的工作领域，并不可逆转地改变着我们的工作和生活。一些人对此充满希望，而另一些人却倍感压力。曾经仅有一种可能性的地方，现如今可能存在多种选择，有时候甚至是过多。我们无法左右这些变化的产生，毕竟我们之中只有很少一部分人有机会逃离到一座孤岛，并抹除曾经的一切痕迹，虽然有时候这个想法的确十分美好。值得庆幸的是，虽然我们无法阻止世界的变化或是以一己之力真正地改变些什么，但至少我们可以自己把握，如何去适应世界的变化以及以怎样的姿态来与之相处。

当今世界的变化趋势，于我们而言，并非是一个令人无能为力甚至缴械投降的威胁，而是一个我们能够并且必须去积极干预的进程。人们需要自我反思，即我们每个人都有必要去感知这一变革过程中的好的方面，并灵活、主动地积极应对。而这对我们中的大多数而言是一个巨大的挑战，尤其当我们对未来劳动力市场的需求变化知之甚少的时候。因此，我们需要让自己适合于未知的或至少是新型的需求框架。而这样一个快速发展变化的时代，对那些追求安稳的人来说往往是一个巨大的挑战。那些能够适时做出调整的人，将会在未来的职业生涯中具备更强的竞争力，同时也有更多的机会去再次激发那些自孩童时起就已具备的潜能，如创造力和创新精神。此外，在不断发展变化的时代中找到属于自己的前进动力，对于提升个人工作满意度和形成对未来的积极展望也至关重要。主动且长期地追求个人的持续性发展，首先意味着能够对自己负责，并且做到换位思考，即适时反思和调整自己的行为。

为此，我想邀请和鼓励每一位读者，同时号召那些具有人事管理责任的企业和个人来支持他们的员工培养持续性发展能力。

以下章节将以轻松、有趣的方式为大家提供行之有效的提示和建议。案例分析、自我对照、启发式提问和练习都将会帮助大家归零心态和自我反思。基于与不同的公司和组织的专家间展开的大量讨论以及最新的科学研究成果，我将通过七个章节对"可持续性"这一主题进行探讨。借由本书，我希望能够与所有的读者分享我在与不同个体和组织间构建合作、应对变化以及培养看待世界的积极视角等方面的一些专业思考。

为提高可读性，本文中指代女性、男性、跨性别或第三性别的人称指示词通常以阳性形式出现。此举并无任何性别歧视之意，而仅为提高文章的可读性。

目录

前言

1 成长心态
1.1 寻求可持续性 /2
1.2 舒适区、学习区和恐惧区 /5
1.3 固定型和成长型思维模式 /011
1.4 理智面对失败 /019

2 终身学习
2.1 学有所得 /024
2.2 未知的未来 /029
2.3 个人经历的丰富性 /031
2.4 学习动机 /033
2.5 学习策略 /040

3 自我反思与自我调节

3.1 职业满意度 /050

3.2 个人基本需求 /055

3.3 自我调节：了解自身感受 /066

4 数字化

4.1 回顾过去 /076

4.2 展望未来 /080

4.3 机器人统治的世界 /084

4.4 数字化与每个人息息相关 /090

5 新型工作和敏捷

5.1 迈入新型职场 /102

5.2 敏捷方法 /104

5.3 敏捷人才 /108

5.4 新型工作 /110

5.5 团队协作新模式 /117

6 创造力

6.1 每个人都可以发挥创造力 /124

6.2 唤醒你心中的童真 /127

6.3 生产性枯燥与梦想 /132

6.4 即刻出发 /136

7 减速与平衡

7.1 正念与戒除数字化成瘾 /152

7.2 深度工作 /157

7.3 学会"断电" /162

7.4 真实 /165

7.5 人生的意义 /170

7.6 整体人生观 /172

1 成长心态

名言警句

"人类如果没有告别旧日海岸的勇气,也就不会发现新大陆。"

安德烈·纪德(André Gide),
法国作家,1869—1951

也就是说

成长性心态将使你具备可持续性。

请记住

- ◆ 舒适区的运行模式
- ◆ 自我心态检查
- ◆ 在尝试中进行心态转换
- ◆ 庆祝失败

1.1 寻求可持续性

到此为止了吗？在专业上还是有上升空间的，对吗？我应如何寻求自己在未来工作中的定位？学员本（Ben）、卡塔琳娜（Katharina）和雅思敏（Jasmin）怀揣着寻求职业突破的愿望找到了我。我向他们提出了三个问题：当他们说出"一定还需要做些什么"的时候具体想表达什么？他们如何理解"事业"和"成功"？他们究竟想要在未来实现些什么？无一例外，三个人都露出了惊讶的表情，而答案也几乎完全相同："我得认真考虑一下，我本来以为，您会告诉我答案的，而这也正是我来找您的原因。我甚至不知道，现如今的职业发展是如何运行的。不知为何，一切看起来皆有可能，而我却在这些可能性中完全迷失了方向，我甚至不知道是否应该去追寻人生的意义和我所追求的东西。""也就是说，您想要寻求有价值的持续性发展能力？"我总结道。"您说到点子上了！"我得到了肯定的回答。随后，我向他们详细解释道，作为辅导师的我首先要向他们提问以引发他们的思考，而他们也要结合自身的情况来回答这些问题。

辅导往往就是以这样的方式开始的，或者我们也可以称之为"过去、现在以及未来的职业生涯咨询"。那么在这个过程中，需要了解的第一个知识点：你要对自己的未来、你的幸福和你的人生负责。你的行为方式、你做什么或不做什么都是你自己的决定。当然，每个人都有不同的先天条件，不同的出身以及随之而来的不同的社会化程度，不同的优势、愿望和目标。然而，每个人都有一个共通之处，即现在每个人都可以甚至必须（比曾经更多地）在自己的既定框架内积极作为。

如今，人们对"职业生涯"的理解已不同于以往，这是因为工作和职业本身正在发生翻天覆地的变化。"二战"后婴儿潮一代的价值观已经渐渐被新生代的其他价值观取代。与20世纪不同的是，对气候变化的担忧和对地球上人们和平共处的渴望已经成为人们共同关注的焦点。同时，人们对成功人生的理解也发生了变化。此外，数字化正飞快地推动着世界的发展。电子商务和IT行业带来了全新的职业领域，同时也有一些职业随着时间的推移渐渐退出历史舞台。正所谓，你方唱罢我登场。一些人在不断发展的数字化进程中看到了机遇，而另一些人更多地感到了风险和危机，这两者实则紧密相关。简单来说，许多职业将会被时代抛弃。诸如记账员、税务顾问、收银员、银行职员以及牙科技师等一些以专业技能为特点的职业，将会在很大程度上通过人工智能和数字化实现自动化，而这些都是很容易被计算机和机器人所取代的职业。而诸如治疗师、幼师、社会工作者和教师一类的职业则很难实现"去人类化"，尽管已经有人提出可以尝试在中小学课堂中使用机器人或在治疗心理问题的临床和诊断过程中引入聊天机器人[①]。由此可见，即使在这些职业领域中，数字化也将得到蓬勃发展。并且可以肯定的是，在未来的许多社会化和临床职业中，各种类型的机器人将会接替大部分的体力劳动。那么问题在于，人与人之间的谈话以及人力在这些职业领域的应用是否具备长久的必要性和未来的保障性？[②]

那么，我该对本、卡塔琳娜和雅思敏说些什么呢？答案是显而易见的：积极行动起来，去寻找你真正喜欢的职业，但这一切都要以符合持续性发展为前提。试想一下，在你选择了一个最美妙、最喜爱的职业之后，你掌握了这项职业所必需的一切技能，然后它消失了、被人工智能取代了！因此，我们必须及时认识到这类发展趋势并保持职业适配的灵活性。要保持敏锐的嗅觉，及时反思并在必要时整装重新出发。这就是我们今天所说的持续性发展，而它往往伴随着我们对人生意义的追寻。你的感受、思想和行为构成了真正的你，这之中还包括你应对未来的方式以及你如何并且是否能够找出未来适合自己的职业偏好和目标。

[①] 聊天机器人会通过文本或语音识别方式数字化接受问询，并借助知识数据库以文本或语音输出的方式做出回答。

[②] Vgl. The Future of Jobs Report 2018, http://www3.weforum.org/docs/WEF_Future_of_Jobs_2018.pdf.

1.2 舒适区、学习区和恐惧区

舒适区的概念有助于我们去理解自己的行为。那么,被广泛引用的这一概念究竟是指什么呢?这背后的理论主要源自对三个区域的划分:舒适区、学习区和恐惧区。[①] 这三个区域对我们来说都必不可少,关键在于,我们会选择在这三个区域中分别度过人生中的多少时间。在舒适区中我们可以休养生息,在学习区中我们可以提高自己的能力,而恐惧区则让我们知道了自己的极限在哪里。

图 1-1 舒适区、学习区和恐惧区的概念

[①] 不同区域的大小因人而异,因此,以下插图仅作为示例以供参考。

在每个区域中我们都处于不同的状态。首先，来尝试解读一下我们在自身舒适区中的行为。从本质上说，舒适区标明了我们当前的行动半径或者说个人感觉舒适的整体框架。它包括我们已知的、无须再探究事情运行规律的所有情况，当然也同样适用于我们的身体感知。再次来回顾一下我们的日常生活和行动轨迹，包括运动类型、饮食习惯、思考以及交流等所有方面。越经常、越顺畅地重复这些固定流程，我们越能感到舒适。我们甚至可以近乎盲目地在舒适区中重复这些模式。随着年龄的增长，这些模式会愈发固化。而那些偶尔尝试的东西则会越来越让我们感到疲惫。因此，我们会渐渐放弃它们，而选择停留在舒适区中，去不断重复那些我们已经熟悉的模式。

舒适区的好处在于可以让我们感到很舒适，因为所有的一切我们都信手拈来，几乎不需要进行思考或过多努力。这种舒适的状态会使我们渐渐厌倦变化，变得疲惫和慵懒。因为在如此舒适的环境中我们只需要花费很少的力气去生活，因为在日常生活中我们已经拥有了很多，也因为我们或许已经感知到这个时代正在经历巨大的变化：变革在加剧，挑战和要求也日新月异，而接受这一切对于处于舒适区中的我们却过于费力。如果一个人在舒适区中感到十分幸福，在同一家公司中优秀且可靠地完成同样的工作长达十数年，总是在同一个超市里购买同一款奶酪并且每年都去同一个湖边度假，那么他为什么不继续停留在那里呢？舒适区究竟有什么不好呢？我们一定要不断地学习并不断地扩大我们的舒适区吗？

我们提高自己的区域被称为成长区或学习区。只有进入学习区中我们才能扩大我们的舒适区。我们不断地提高和成长，当然有时也会伴随着艰辛和疲劳。令许多人感到最自在的情形是在做习以为常的事情的时候。一个非常简单且众所周知的例子是交叉双臂这个动作——当你在读当下这句话的时候，请尝试着把你的双臂交叉抱于身前。此时，你的哪只手在上，哪只手在下呢？每个人都有他最喜欢的一个姿势，即总有一只手是一直处于上方的。那么现在请尝试着换一个顺序，即在交叉双臂的时候保持另一只手在上，这时你会感觉十分奇怪，甚至是错误的，对不对？现在你能理解我的意思了吗？我们生活中的很多事情都像我上面所举的例子这般，随着时间的推移，你会在某些时候渐渐发觉，去尝试一些新的事物已经不再如此简单。这样的感受在一些小事上并不会如此明显，但是让我们再往深一步思考。想象一下，你将要搬入新的房子，你需要培养新的爱好，你需要接受一家新的公司提供的新的工作，或者你需要去面对新的面孔和观点。当这样的情形不期而至，你将会感到恐惧，并选择宁可不要、不去接受任何变化。无论在工作中还是私人生活里，你都不愿尝试蹦极或是其他的新运动，也不愿去学习新的计算机程序。

恐惧，通常情况下，是阻止我们在生活中发生改变的最大障碍。同时，它也是我们最好的保护罩。因为不改变意味着安全，意味着不会有任何事情发生在我们身上；而改变则意味着舒适区的扩大和拓展。

通过学习区我们可以进入未知的领域。我们开始冒险，过程中不断地打破常规并面临新的挑战。在这个区域里，一开始我们会感到十分不安，因为我们不知道所做尝试的出路究竟在哪里。渐渐地我们学会了如何去应对不确定性。一切都会按着计划顺利进行，我们开始与新事物相处融洽进而扩大我们的舒适区。

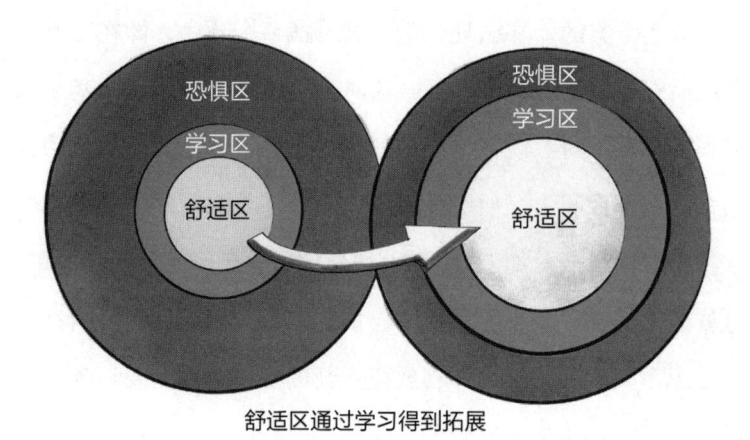

舒适区通过学习得到拓展

图 1-2 扩大的舒适区

但是，如果这一切都没有成功，我们最终可能会进入所谓的焦虑区或恐惧区。我们的思想和行为将会被全面封锁，一切都不再运转了。没有思考，没有行动，也没有发展。比如，我们需要在日常工作中使用一种此前完全不知道的方法，而最终我们却无法真正掌握它。在恐惧区里一切都处于停滞状态。在这里我们几乎或在某种程度上完全无法学习，而这取决于我们是什么样的人、我们已经有什么样的经历以及我们有多大的目标。这时候我们必须绕道而行，在成长区或学习区中开始学习。也就是"回到起点"并尝试去完成比之前小一些的目标。我们中的大多数人都适合以很小的速率去学习"困难"这个主题。就这样一小步一小步地走下去，我们总是能不断地拓展我们的舒适区。当然也有那么一群人，他们喜欢勇敢地大步跨过山峰并让自己依旧处于学习区中。

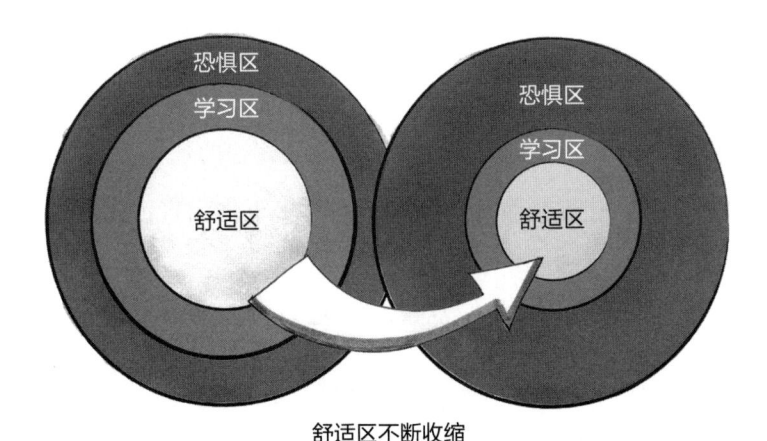

舒适区不断收缩

图1-3 缩小的舒适区——当学习区无法被进入时

但这还不是全部。舒适区的一个普遍存在的特点在于它也可以缩小。举例来说，我们单位来了一位新老板，随着她的到来工作要求也发生了变化。此前所有的行为方式都不能再达到预期的成功，我们开始感到挫败。那么接下来会发生什么呢？

我们的自尊心开始下降，变得越来越不自信。我们的行动范围也开始越来越小、越来越狭窄。我们不再停留在舒适区的外围，转而向中心移动。而这也意味着，我们的舒适区变小了。

为了使这样的趋势不再恶化以致进入死胡同中，我们必须采取行动。在这里，我有意识地选择了"必须"这个词。别无他法，当我们处于最后的绝境时一定要变得灵活。世界和自然是灵活的，它们处于永恒的发展变化中。那么我们也必须灵活，最大限度地灵活。

在未来，我们将不可避免地一次又一次离开、拓展和扩大我们的舒适区。如果你想要具备可持续性并接受变化，那么很重要的一点在于，你可以将变化掌握在自己手中并不断地塑造它。这意味着，无论就你的舒适区还是其他的任何事情而言，你可以经受住变化带来的考验，而苛求于你而言也变得毫无意义。

例如，在职场中前进的一小步可以是你主动申请去完成某些任务，而这些任务是你无法百分百确定可以因循旧例去完成的；或者你决定在会议上为自己的观点发声；又或者尽管有反对声音的存在，你仍然坚持捍卫自己的观点。你可以认真思考，在哪些方面你更倾向于规避新事物，并有意识地在下一次作出不同的选择。

如果你不想在未来的职业生涯中被别人甩在身后，就一定要保持灵活——思想和行动上的灵活。心理学家和其他专家共同认可的一点在于，灵活性是应对这个瞬息万变的动态世界的最佳答案。而这里所提到的灵活性也被我们称为精神的敏捷性，它会进一步投射到我们的心态表达层面。

1.3 固定型和成长型思维模式

正如人力资源发展年鉴所定义的那般，思维模式是指一个人的惯性思维方式、思想状态和精神情绪，它可以决定一个人在不同环境中的表达和应对方式。也就是说，思维模式决定了"一个人如何历经属于他自己的现实世界"。[①]

科学研究表明，在未来至关重要的不仅仅是我们思想的灵活性，还包括我们承担责任的主观意愿。面对未来的积极心态可以让我们看到更多的机会，同时也可以帮助我们在工作和生活条件的不断变化中更轻松地找到属于自己的道路。为了实现职业生涯的不断发展和个人生活的幸福美满，这一点必不可少。

关于思维模式的第一组研究发生在一所学校里。斯坦福大学的心理学教授卡罗尔·德韦克（Carol Dweck）曾在她针对中小学生所做的一场实验中得到令她惊讶的结果：学生并没有因为遇到无法解决的问题而感到沮丧，相反，他们甚至发表了诸

---

① Vgl. https://www.personalwirtschaft.de/produkte/hr-lexikon/detail/mindset.html.

如"我喜欢棘手的谜题"或者"您知道吗,我真正期盼的是能够在这里学习到一些东西"的言论。

德韦克想要更多地了解,这种特殊的心态是如何在年轻人中产生的,以及当他们以这样的心态面对困难时会对结果产生怎样的影响。此后,她致力于研究和教学关于思维模式的课题长达15年之久,并提出了固定型思维模式和成长型思维模式的区分。[1]

表1-1 卡罗尔·德韦克关于固定型和成长型思维模式 [2]

固定型思维模式	成长型思维模式
能力和智力是与生俱来的,不能或几乎无法改变	能力和智力是可发展的、可以被改变的
成功意味着取得好的成绩或"成为最好"。结果决定一切。人们不需要主动寻求更多的挑战	成功意味着"学习如何更好地理解世界"。人们要主动寻求挑战
犯错意味着能力不足。不好的成绩或错误会降低人们的动力,会带来无助和愤怒	犯错被视作发展的可能性。它能够提高人们的动力和工作热情
为了不伤害自尊,往往会从外部寻找原因	自我评估变得更加客观,在评估过程中会采用建设性策略和外部支持
将其他人视为"法官"	将其他人视为支持者

---

[1] Dweck, Carol: Selbstbild. Wie unser Denken Erfolge oder Niederlagen bewirkt. München, Zürich: Piper, 2011.
[2] Die Auflistung stammt aus: Blickhan, Daniela: Positive Psychologie – ein Handbuch für die Praxis. Paderborn: Junfermann, 2. Auflage 2018.

渴望改变

我最近读到过一句话，让我深以为然。它说：我们一定要渴望改变，而不是拒绝改变。因为如果希望我们的生活和工作中充满幸福和满足，那么一定要拥有一些可以激励我们的东西。也就是说，为了实现梦想、达到目标和幸福地生活，我们一定要渴望改变。

"渴望改变"这个关键词唤醒了我内心对于学习新事物的喜悦和兴趣，那么你呢？回想一下你在孩童时期曾做过的事情：爬行、跑步、骑车、算数、写作、恶作剧、交朋友，所有的这些都是你曾经满怀热情地学习和实践过的。虽然现在你需要学习和实践的事情发生了变化，但原理是一样的。跌倒、爬起来、再跌倒、再爬起来。前一秒还在踟蹰"这样或许不行吧"，下一秒却开始欢呼："成功了！"那么，这里的"失败"意味着什么呢？摔倒是被允许的，这一点毋庸置疑，因为不经历跌跌撞撞，人们是无法学会走路的。因此，在当今的企业环境中有这样两个概念：容错文化和灵活应对。当一些事情无法很快达到预期成果时，请不要立刻放弃，而要站起来、继续、坚持和等待时机。不要制定终极目标，而要合理地计划当前正在从事的工作。在不断尝试中筛选出有效的内容，并为之付出更多的时间和精力，其余部分可以选择放弃。曾经有过这类的谚语，如"没有一位大师是与生俱来的"或"熟能生巧"。但现如今，我们真的还需要这样的高超技能吗？我们所有人都要追求完美吗？还是说其实大多数情况下做到 80% 就已经足够好了？对此，我的回答是：有时需要 100%，有时需要 80%，而有时甚至很少就已经足够了。追求所有层面的完美主义已经成为过去。现如今，更重要的是能够分辨，什么时候需要因循旧例地实现完美主义，而什么时候需要灵活和速度。当我将汽车放在修理厂修理刹车时，百分之百的完成度对我来说至关重要，任何的模棱两可此时都是不可接受的。而在其他领域，有时则需要灵活和调整。当然，要实现如上所述的准确分辨，需要循序渐进。而练习至关重要，同时配合新的方法和替代解决方案。摔倒，然后再次站起来，这样才会实现进步。这样的灵活性恰恰是我们适应这个不断变化更新的世界的重要技能。

思维模式测试

通过以下表述，你可以真实地测试出自己思维模式的活跃度。

练习

思维模式自查

请分别用 1~10 分回答以下问题。1 分表示"我完全不同意";10 分表示"我完全认同"。你可以选择不同颜色的笔来突出标记。

1 2 3 4 5 6 7 8 9 10

- 我相信,任何时候都可以培养新的能力。
- 我从不在"对或错"的维度上思考问题。
- 我将失败视为实验与尝试。
- 我视自己为设计师。
- 我总是充满好奇心。
- 我对自己、自己的行为和人生负责。
- 我主动寻求挑战并借此不断成长。

你对上述问题所做的肯定回答越多,代表你的思维模式灵活性以及提高自身灵活度的可能性越大。

成长型思维模式的反面是固定型思维模式。后者的特点在于,认为天赋与生俱来,能力不可发展。一个拥有静态自我认知的人几乎不具备任何发展潜力。这类人在陷入困境时很容易放弃,并且会因为害怕失败而逃避挑战。我承认,这样的描述会有些过于绝对,非黑即白。当然,这之间还是存在着许多灰

色地带。但可以肯定的是，拥有成长型思维模式的人将在未来具备更强的生存能力。

在这一点上，我想再次以我的学员本为例进行讲述。在我们的第二次谈话中，他意识到他的思想在某些方面的确是不够灵活的，与之相应的是他更倾向于将自己在某个或某些方面划归为固定型思维模式。他也回忆到，曾有不止一个同事给过他同样的反馈。他的愿望是改变自己的思维模式。那么，这将如何实现呢？

第一步正是与寻求改变的意愿相结合的自我认知，而后才有可能逐步实现思维的转变[1]。在此过程中我们需要实现自身思想和个人态度的灵活化，也就是训练如何让自己变得更加可塑。下面是我曾给本做过的一个小练习。你还可以在第6章（创造力）中找到更多的建议。

勇气测试

提高自身灵活性的一个好方法是离开舒适区，而这正是本直到现在仍觉得十分困难的事情。在辅导过程中我交给了他一个任务，在下一次谈话前试验或尝试做一些在他舒适区之外的事情。唯一的限制就是，任何人都不可以在这一过程中受到伤害。我告诉他，多年前我曾对自己进行过一次勇气测试。当时，

---

[1] Hofert, Svenja: Mindshift. Frankfurt/Main: Campus, 2019.

我需要在一家几乎没有顾客用餐的饭店里请求和一对夫妻共进晚餐。我的说辞是，正在出差的我（事实也确实如此）晚上感到百无聊赖，所以特别期待能够展开一些愉快的、激发灵感的对话。一开始，空气中弥漫着尴尬的气息，显而易见地，这对夫妻更希望能够独享二人世界。然而最终他们还是同意了我的请求，我们共同度过了一个十分美好的夜晚。我并没有告诉他们，这实际上是我进行的一次勇气测试，因为我们确实相处得十分融洽，并且这比我一个人坐在那里要有趣得多。直到今天，每当我因为要做出一些违背常规或走出自己舒适区之外的事情而感到不自信时，都会想起这段经历。正所谓，小小的练习，大大的效果。我的其他顾客已经在超市完成了类似的挑战，或者鼓起勇气在人群前完成了表演。

对卡塔琳娜来说，夜晚一个人穿过墓地是非常恐怖的。她几乎没有完成过这项挑战，故而在选择勇气测试时，她越来越花样百出。她曾对我说，扩展自己的舒适区几乎成了她的爱好。而现在，她越来越清晰地感受到，她能够更加自如地应对陌生和新的环境。

通过这类的勇气小测试也意味着自我释放，即消除对失败、放弃、尴尬和落空的恐惧。

我的另一位顾客曾向我讲述过一次令她举步维艰的经历。当时，公司突然有近一半的同事离职，而她突然被分配了一项新的任务。她紧握着手中以前的任务，坚决不愿意承担新任务。

1 成长心态　**17**

在部门内部，她渐渐成了大家排挤和打压的对象，因为她并没有和大家一起承担新的任务。但她并不想找一份新的工作，因为她无法做到放下过去，尽管她清楚地明白，这其实势在必行。为了克服她的恐惧同时激发自身新的能量，我们同样进行了一些勇气小测试，帮助她跳出现有框架进行思考。渐渐地，她找回了自我价值并拥有了更宽阔的行动空间。她的目光重新投向了前方，并且明显变得比之前更加积极了。这之中的成功因素在于她对工作任务重组形成了新的勇气、视角和评估，在辅导中我们称之为"重构"。

开始一次小小的思维转换

◆ 对你来说最尴尬的事情是什么？什么事情是你绝对不会做的？

◆ 或者说，什么事情是你内心特别愿意做却一直不敢做的？

◆ 借此机会来尝试一次小小的思维转换。在今天或未来的 72 小时内，计划完成一件事情，来增强自己的勇气和扩大自己的舒适圈。

72 小时法则

72 小时法则

你知道 72 小时法则吗？它是指如果你能在未来的 72 小时，也就是 3 天内，向着自己的目标迈出第一步，那么你将极有可能成功地完成你所计划的事情。但如果在目标设定后的 72 小时内你没有采取行动，那么你实现目标的可能性就会大大下降。这一方面归咎于自身的惰性，另一方面也在于缺乏决心。因为如果我们全心全意致力于完成某件事情，我们会说干就干、毫不拖沓。而第一步往往是最重要的。行动促成运转，否则一切都只会是空谈并随着时间的流逝而被遗忘。[①]

1.4 理智面对失败

当事情进展不顺利，或者更糟糕一点儿，当一场真正的灾难发生时，我们该怎么办？以反思的心态面对失败是成长型思维模式的重要组成部分，大脑以及人类面对错误时原始处理方式的研究将对如何面对失败很有帮助。我们的大脑并不会按照特定的计划进行运转，当新事物发生时，它只会专注于一个大的整体目标并不断测试不同替代行动方案的可行性。

人类的大脑是真正神奇之所在，它可以通过经历的增加而

---

① Vgl. https://karrierebibel.de/72-stunden-regel/.

1 成长心态　**19**

不断习得。这同样也发生在孩子身上，正如孩子学习爬行、走路、骑自行车和弹钢琴那般。想象一个孩子正在学习弹钢琴。在一开始时，他对弹钢琴所需的必要步骤一无所知。他不知道，在他按下一个琴键之后会发生什么。随着时间的推移，他不仅学会了每个琴键所代表的音节，而且知道了与之相应的不同乐曲和琴键的弹奏顺序——这意味着，他学会了。[1]

这正是体验式学习的运行模式。大脑会对周边环境作出灵活的反应，调整自己以不断适应外在环境变化并终身学习。这被称为神经可塑性。错误也是经验的一部分，是学习的必要条件，然而在我们的成长过程和社会经历中并没有将这一点贯穿始终。例如，在学校作业中有很多错误意味着成绩不佳。类似这样的反馈会导致孩子失去信心，同时渐渐丧失尝试新事物的勇气。我们的学习经历告诉我们，错误是不对的。因此，对犯错误带来的恐惧随着人生阅历的增加而不断被灌输给我们，而这正是僵化思维的一部分。由此可见，固定型思维模式很早就开始在我们心中固化下来。我们需要反问自己：如果我们害怕犯错，希望事先确定一切都会进展顺利，那么未来我们要如何尝试新事物？因而不幸的是，如上所述的期许都是不可能的。

值得庆幸的是，如今，人们对错误的认识正朝着积极的方向发展。失败变得流行起来，人们不仅会采用诸如我在本书第

---

[1] Vgl. Weber, Magdalena: Neue Tat – Neues Hirn, https://www.tagesspiegel.de/themen/gehirn-und-nerven/gesund-leben-neue-tatneues-hirn/13410644.html.

五章（新型工作）中所介绍的一些敏捷方法，而且也会在媒体和各类活动中分享他们的失败。在所谓的"搞砸之夜"中，人们会向观众讲述他们所经历的最大失败。他们站在舞台上，讲述他们职场上的失败，分享他们一无是处的曾经。这些经历往往是一些由于不可避免的灾难或其他金融危机所导致的创业失败。然后由此而来的是"经验"分享：失败的好处是什么？我再也不会犯的错误有哪些？我可以给其他创业者哪些建议？当我已经身处低谷时，我该如何重新站起来？当你产生了一个疯狂的想法并试图开始创业时，什么事情是绝对不能忽视的？这些或类似这样的话题会在这样的夜晚得到热烈讨论。

一位我十分珍视的同事会定期向我讲述她的个人商业困境，从她身上，我们可以认识到，出路总能被找到。我们可以昂首挺胸地渡过破产的难关，并依然忠于自己的价值观。我们可以学习到，当内心的一切都在呐喊"不要"时，要选择相信自己的直觉，而不是去签署合同。虽然这样的行为会有窥探他人隐私之嫌，但我们可以从中获得反思，而这正是我们所需要的。我们必须学会接受错误、与之相处并从中汲取教训。为此，这种正在形成的新型错误文化是十分有益的。

启发性问题

- 你人生中的哪些经历曾被你标记为"这是我的失败"?
- 事后你从中学到了什么?
- 如果你最好的朋友面临与你当时类似的挑战,你会给他什么建议?
- 你对他人犯错误的容忍度如何?
- 你将如何塑造自己未来应对错误的处理方式?

终身学习 2

名言警句

"不闻不若闻之，闻之不若见之，见之不若知之，知之不若行之。"

《荀子·儒效篇》

也就是说

快速变化的世界要求我们不断发展自己、努力前进。我们该如何做呢？

请记住

◆ 学习终益己
◆ 动力：坚持终会成功
◆ 从容学习的建议
◆ 自我反思：你的学习主题

2.1 学有所得

一段时间以来，人们都十分推崇终身学习。然而事实上，这里所指的"学习"具有多种含义。很多人首先联想到了学校。在学校里我们埋头读书、刻苦学习，希望能如愿毕业并取得好的成绩。学习从来都是一个过程，并非是一蹴而就的，我们需要不断提升自己的知识、能力或行为以达到新的水平。我们行走在学习之路上。通过尝试和从事新的事情，当然不仅限于学校和培训，我们每天都会经历新的体验。我们阅读、倾听、观察并参与互动。例如，当我们在阅读一个复杂的新设备的使用说明书时，我们就是在获取新的知识。我们学习的目的是顺利启动并确保这台设备的正确运行。正如阅读使用说明书这个例子所表明的那样，我们持续不断地塑造着自己的新能力。

有时候，我们会有计划地增加我们的能力；有时候，它自然而然地就发生了。有时我们会目的明确且系统性地走上学习之路，而更多时候学习是没有针对性和计划性的。我认为，针对性学习包括中小学教育、职业教育、高等教育、继续教育、线上和线下课程以及团队培训等。而非计划性学习，我更愿意称之为体验式学习，其可以体现在所有新的思维方式、行为模式和生活经验中。学习可以随时随地进行：工作中或私人生活中。而无论在哪里，学习都永无止境，正可谓终身学习。

对一些人来说，"终身"听起来好像一所监狱，具有一种难以忍受的强迫意味。这或许是因为，这让我们想起了自己的学生时代。曾经执着于分数和排名的我们，害怕落于人后、害怕不如别人，故而从那时起学习已经不是一件有趣的事情。

而对另一些人来说，学习是一种乐趣，甚至是长生不老药。知识的积累对这些人来说是生命的福音、是必需的存在，没有它，生命将失去意义。我们的大脑被设计成具备终身学习的能力，这是一件多么幸福的事情。

你是如何看待学习的？你属于愿意在某些领域不断学习的那类人，还是更愿意把学习和疲累相联系？如果你现在更倾向于说"是的，我觉得学习很累"，那么在你继续进行下一个练习之前，请先完成以下几个启发性问题。

启发性问题

◆ 你是如何成为今天的自己的？

◆ 你是如何在我们的社会中找到属于自己的行为模式，如知道在什么时候可以和必须以怎样的方式表现自己？

◆ 你从何得知该如何处理自己的感受、如何照顾他人以及如何应对自己的恐惧？

◆ 你有什么爱好？你是如何获得消遣、休闲时间的能力的？

2 终身学习

反思你的学习经历

请静下心来,再次回顾你对学习的思考,并在下面写下你的回答。

◆ 你最近一次觉得学习一件事情十分容易发生在什么时候?

_____

_____

◆ 那是关于什么的事情?

_____

_____

◆ 你是独立学习还是与他人共同学习?

_____

_____

◆ 谁曾在学习过程中为你提供过帮助?

_____

_____

◆ 你是以怎样的方式学习的?

_____

_____

◆ 此次学习是强制性的还是出于自愿?

_____

◆ 此次学习的效率如何?

_____

◆ 是否有榜样为你在这个领域的学习提供指引?

_____

◆ 你得到了怎样的反馈?

_____

◆ 在你认为自己的学习成果显著的同时,你在哪些方面得到了其他人的类似反馈?

_____

◆ 最后,此次的成功经验对今天的你有何启示?

_____

_____

十分明确的一点在于：如果职场的变化越来越大，我们将无法避免终身学习。因此，如果我们可以看到学习的机会和好处并专注于此，那么我们将更易于适应世界的变化。

同时，忘记也是学习的一部分。建立新的行为模式也包括覆盖和淘汰旧的行为模式。故而，学习十分重要的一个方面在于，将不再有效甚至适得其反的、过时的行为模式和知识适时淘汰。那么，第一个难点在于，如何准确地判断出打破旧的行为模式的时机以形成新的行为模式，进而形成新的路径和指向，脱离固有藩篱。建立新的行为模式的频率越高，其留下痕迹的速度也就越快。随着时间的推移，痕迹变为小径，随着应用的增多，小径变为道路，并不断拓宽。当人们习惯走上这些新的道路，且道路已经可以和街道、高速公路相媲美时，意味着旧的行为模式已经被抛弃，新的模式已经形成。当然，旧的行为模式也有可能重新闪现。但新的道路开发得越宽广，重新陷入旧模式的风险就会越低。所有这些都是学习的一部分，有时甚至比学习新事物更加困难。因为这需要控制和自省，以便识别哪些行为模式阻碍了我们前行的脚步。当然，在学习的过程中还会有我们自身的疏懒，这可能成为我们前行的阻力。

学习能力能够帮助我们应对这个快速发展变化的时代对新的思维模式、行为方式的要求。在脑科学家格拉尔德·胡瑟（Gerald Hüther）看来，人类仍具备很大的潜能，因为目前我们仅仅开发了大脑容量中很小的一部分。[①]

2.2 未知的未来

职场中充斥着各种各样的挑战，快速的发展变化带来了许多新的需求。一方面，我们必须掌握数字化技术，比如新的计算机程序和改变的进程以及工作流程。我们个人和团队都面临新的挑战。另一方面，新技术促成了新结构的产生，而这反过来又需要新的技能。这一切发生的速度如此惊人，以至于我们无法完全跟上其发展的速度。每当我们适应了一种新的软件，它又会被下一种软件所取代。昨天刚刚产生的就业岗位，今天就可能存在被淘汰的隐患。公司的整体业务范围面临解散和转移，而新的业务种类正在形成。公司中不断有新的团队在整合重组。长期以来，一些领域已经经历过这些。例如，网上商城和网上银行，长期以来经历了彻底的改变和重组。人工智能和自学系统对旧事物提出了挑战。无论作为员工、企业家或个体经营者，还是作为顾客，我们随时随地都能感受到职场的变化。

对很多人来说，这种永久性的动荡是无法被理解和接受的。有时候人们更愿意选择视而不见，然而这于事无补：即使我们

---

① Vgl. https://geraldhuether.de/Mediathek/Potentialentfaltung/wieviel_begeisterung.mp3.

不知道未来会如何发展，那些高新技术在进入市场和引入公司后会带来怎样的后果，生活都在继续。新的合作形式将不可避免地出现，其结果将会是形成一个不断变化的职场。我们首先必须习惯这样的世界和心态。为此，我们需要新的、不同类型的技能。而事实上，我们更需要时间，虽然高速重组的世界无法给予我们。

此时，我们所需要的正是灵活的思维模式，因为它是能够让我们更轻松地适应这个时代的基础，而学习则是帮助我们具备可持续发展能力的关键。

信息提示

欧盟助力就业能力建设

欧盟长期以来一直关注"终身学习"的主题，并将其作为核心教育政策不断发展。欧洲社会基金提倡终身学习、就业能力和社会包容。"2014年至2020年期间，联邦教育部（BMBF）从国家和欧盟资金中拨款超过4.4亿欧元，用于支持能为人们带来新型职业前景的项目。"①

在我看来，这正是就业市场的持续性发展。或者可以直截了当地说：没有保持教育和持续发展的你，终有一天会在就业市场失去竞争力。或者更直白一点：你出局了！没有学习，未来就没有工作！其原因在于，知识是会过时的，而教育是唯一可以与之相抗衡的力量。所以，请坚持不懈，继续前进！

---

① Vgl. https://www.bmbf.de/de/lernen-in-europa-303.html.

2.3 个人经历的丰富性

通过公司人事部门的取向变化就能清晰地看出过去和现在职场之间的区别。不久之前，求职者需要提交的还是传统的个人简历。一般情况下，人们会经历小学、中学、高中，在顺利取得毕业证书后，进入继续教育或高等院校并取得学士、硕士学位。一些人会一直受雇于一家公司；更有一些人会有幸受雇于大众、巴斯夫或西门子等大型知名公司。如果有人能够如上所述顺利地走过每一个阶段，那么他会拥有一份稳定且收入可观的工作，并在公司内部获得较好的职业发展前景。通常来说，人们可以在公司内部调岗或升职，进而平步青云。当然，也会有一些人时不时地更换他们的工作。而过多的"变数"在人事部门看来意味着求职者的反复无常。职业发展是与经验、资历以及职业历程息息相关的。虽然这听起来有一些武断，但恰恰是这一点突出了如今的人力资源部门对求职者的取向变化。

现如今，事业对每个人的意义都有所不同。一些人认为，事业意味着人生价值的实现；而另一些人则认为，事业意味着丰厚的薪水和很大的影响力。当然，也可以二者兼而有之。因此，人生经历也可以因人而异、各有不同，多姿多彩的人生也变得流行起来。个人简历中的空白与中断不再意味着被排除在就业市场之外。国外的经历——即使是在新西兰腋下夹着冲浪板的那一年——也可以被写入你的个人经历中。因为,这所体现的就是文化能力。频繁的工作变动意味着灵活性、好奇心和活跃度。一些人力资源经理指出,虽然一个人的职业经历中不应有过多的职业变动,但这已不再是获得新职位和新雇主的阻碍。这一切要归功于新的思维方式的形成和专业人才的短缺。那些曾经选择独立创业并再次决定回归职场成为雇员的人会被认为是勇敢且具有创业精神的。在一家公司工作一辈子是不可能的,除非那是你自己的。即使如此:失败是被允许的,破产也是可能发生的。所以你看:重新开始是一种新的能力。

　　简单地讨论过人力资源部门后,让我们回归到主题:学习。实在是令人难以置信,"学习"这个词竟没有激发每一个人心中的热情。实事求是地讲,在我们的文化中,我们比以往任何时候都更有机会根据自己的喜好去获取知识和技能,这是何等荣幸!当我们知道学习的好处后,为什么不去珍惜呢?一份有趣的甚至是令人兴奋的新的工作,更多的薪水,新的冲动和可能性,更多的个人自由、选择机会,所有的这些都可以通过学习获得。并且,它还会得到欧盟和雇主的资助。只要你想要继续学习、提升自己,你总能找到合适的方法和道路。

2.4 学习动机

我的一名学员雅思敏曾经总结道："我知道我必须要做点什么,我也知道我需要学习些什么,可我就是没有动力。"雅思敏曾和我一起在一次辅导谈话中谈到了她的潜能。她说:"是的,我现在十分需要参加数据库和新计算机程序方面的培训。这个需求已经存在很长时间了,也确实是我真正需要的。但是,每当我决定去参加这样的培训并开始进行调研时,我就对此失去了兴趣。渐渐地,这开始令我越来越痛苦。故而很可惜,多年来我一直把这个事情搁置一旁。我的同事们在不断地进步,而我却无法攻克这个难关。"

雅思敏感到不知所措、压力重重,并完全被别人甩在了身后,她的自尊心越来越受挫。渐渐地,她的专业空白已经大到需要依赖同事的知识来得到指导。发生在雅思敏身上的事情可以被描述为螺旋式下降。雅思敏正试图找到摆脱这个旋涡的方法,因为不断下降的自信心给她带来了越来越沉重的负担。她想要再次回到学习和发展的上升螺旋中,想要在其中找到归属感并再次感受到成功。

可雅思敏为什么会走到这一步呢?一定有什么东西在阻止

她采取行动。尽管她知道,参加培训和积累必要的知识对她来说不无好处。或许,我们应该跳出框架来思考。是关于舒适区的问题吗?当然是。但不仅如此。雅思敏说:"因为我就是完全没有兴趣,这没有办法!"而"没有兴趣"简单来说就是"没有动力"。她对一切都无动于衷。那么自然而然地,学习和培训对她来说都毫无意义。

雅思敏很清楚自己该做些什么,但她总是把它们搁置一旁。那么你呢?是否也有一些被你不断推迟的学习内容?或许已经很多年了?是在职业上还是在私人生活中?

拖延症

一个用于形容此类情形的外来词叫作 Prokrastination,意为拖延症。那么,在这种情况下,我们的动机在哪里呢?通过恰当的解决方案将毫无兴趣转变为积极行动,会不会是一件十分理所当然的事情?如果一切真的如此简单,那我们就不需要数不胜数的激励指南、体重检测群组以及以"你也可以做到"等标语为主题的大型活动了。

如果你在谷歌上以"动机"为关键词进行搜索,你会得到超过 5 亿条搜索结果。仅此一点就可能会让你感到迷惑。但事实上,每个人的动机都是各不相同的。我们必须选择适合的道路,并找到属于自己的动力来源,这一点是不可避免的。因为动机和热情[1]是拖延症的反面：借此我们可以下定决心、坚持不懈并持之以恒——如果能够得到外部支持将会是更好的情况，因为通常它能形成必要的推动力。直面拖延症是很有必要的。无论时间管理、小步前进，还是更好的工作规划，解决拖延症总是有意义的。因为科学分析表明，从长远来看拖延症会带来情绪上的不满和生理上的疾病。

毫无兴趣或是充满动力？

寻找一定的理论基础将有助于我们理解动机的原理。根据爱德华·德西（Edward L. Deci）和理查德·瑞恩（Richard M. Ryan）[2]提出的动机过程理论，动机可分为不同等级：从毫无动机到内部动机，也就是从所谓的"毫无兴趣"到"心潮涌动"。

如果我感到毫无兴趣，怀疑自己的能力并且没有任何动机，那么将没有什么能够激励我，我甚至也没有动力去开始学习。处于最低动机等级的我会认为，自己无法实现学习的目标，会丢尽颜面并最终也无法成功。因此，在那之前我就会选择放弃。而如果处于下一个动机等级，尽管我会开始学习，但那仅仅是因为我被要求必须这么做，因为我害怕面对负面的后果，我处

---

[1] Duckworth, Angela: Grit, die neue Formel zum Erfolg. Mit Begeisterung und Ausdauer ans Ziel. München: C. Bertelsmann, 2017.

[2] Vgl. https://www.pedocs.de/volltexte/2017/11173/pdf/ZfPaed_1993_2_Deci_Ryan_Die_Selbstbestimmungstheorie_der_Motivation.pdf.

于被迫学习的状态并感觉受到外界的控制。稍好一点的情况是带有更少强迫意味的下一个动机等级，但此时也需要较高和较严格的自我控制。我应该去完成，所以我这么做了。我需要获取新的知识，感到有学习的责任并最终坚持下去。

当我具有内部动机时，情况则会变得完全不同。当我处于这样的动机等级时，我会想要学习。例如，我心中有一个榜样，并希望成为这个样子，而这就是我学习的原因。此外，我心中的目标或者学习过程本身都可能反映我自己的价值观并为我带来快乐。而后，我的情感开始发挥作用。学习开始给我带来乐趣。我学习是因为这是属于我的学科，它对我来说十分重要。

动机的最高等级是学习能够将我带入积极的正向流转状态，令我产生期待。我所要学习的东西符合我的热情，我觉得它与自己息息相关。正是因为它对我如此重要，我开始热爱学习。这种最高等级的内在驱动，是我们在不受外部影响的情况下自愿采取行动的状态。是的，就是这种带着热情的状态。当我们有内部动机时，就会从学习中获得乐趣。我们会全神贯注于我们所学的东西，充满好奇、渴望学习，并且在学习过程中得到长足的进步。此外，我们也不太容易分心或受到干扰，这是因为我们脑部的边缘系统喜欢得到奖励。我们大脑中的边缘系统始终致力于寻找能够增强我们幸福感的刺激因素。就学习而言，奖励就是我们学习到的新知识，当然也包括学习过程本身。因为我们正处于积极的流转过程中，而我们的大脑喜欢这种状态，所以它可以释放神经可塑性物质，以进一步激活大脑并建立新的关联。这样的好处在于：学习将变得更加容易。我们的热情就好像大脑的肥料[1]，而一种物质正在欢呼：请再多一点！请再多一点！

信息提示

心流

当我们面临一项没有超出，而是适配于我们能力水平的工作或挑战时，我们就会进入心流状态。契克森米哈（Csíkszentmihályi）[2] 提出，心流需满足以下几个条件：

- ◆ 我们全神贯注于我们的工作。
- ◆ 我们感觉工作的过程是平稳流畅的。
- ◆ 我们处于高度专注的状态，忘记了时间和空间。
- ◆ 我们体验到一种内在的自我遗忘状态（过程中不会在内心产生批判与怀疑，感受不到口渴和疲倦等）。
- ◆ 我们认为自己是有能力的，并感觉自己正在发挥作用。

心流是内部动机的最佳状态。

---

[1] Vgl. Hüther, Gerald: Was wir sind und was wir sein könnten. Einneurobiologischer Mutmacher. Frankfurt/Main: S. Fischer Verlag, 2011, S. 92.
[2] Csíkszentmihályi, Mihály: Flow im Beruf. Das Geheimnis des Glücks am Arbeitsplatz. Stuttgart: Klett-Cotta, 2014.

大脑养分

我们的大脑不仅喜欢处于心流状态，同时也喜欢能够被充分地开发和利用。它喜欢运动，喜欢充满活力，但也喜欢平静和放松。它喜欢想象力和图像，喜欢结构和数字，喜欢现有知识的联结，更重要的是，它喜欢惊喜。它喜欢休息，喜欢玩耍、欢笑、音乐和色彩，也喜欢故事和鼓励。当然，它也想知道，它学习的目的是什么。好的感受会赋予大脑更多的灵感。它同样渴望娱乐和兴奋。"我们的大脑具有终生可塑性。"神经生物学家兼潜能开发专家格拉尔德·胡瑟（Gerald Hüther）说。他解释了人类大脑的灵活性，以及在得到机会后大脑的成长和变化，"大脑会发展变化成你饱含热情使用它时的样子。"[1] 当我们在考虑都有哪些学习风格以及我们如何找到适合自己的学习风格时，以上因素都可以被考虑在内。例如，我们是否更喜欢通过听觉（即通过聆听）或视觉（即通过观察）来学习，通过实践尝试或是处理文本和使用语言来学习，以上种种都是极具个性化的选择。希望每个人都能在众多的学习方式中找到适合自己的方式，即任何一种能够激发自身热情的学习形式。

比如，你可以在YouTube上找到合适的大脑养分。凭借其发布的各类教学短片，YouTube现在几乎成为一个小型继续教育学院。在那里，人们可以学习语言、学习操作说明、查找食谱，

---

[1] Hüther, Gerald: https://geraldhuether.de/Mediathek/Lernen/Ohne_Gefuehl.mp4.

以通俗易懂的方式获取想要学习的内容等。聪明的学生早就认识到，这是一种可以简捷查看、聆听和解释学习内容的好方法。而且，它可以帮助我们快速地理解新知识。它最大的好处在于：人们可以选择快进或倒退。这实在是再方便不过了。

图 2-1 学习之云

YouTube 只是众多示例中的一个。此外，还有许多听力或阅读版本的书籍摘要、主题五花八门的播客等。电子学习产品和平台变得越来越规范，虚拟现实培训不断发展并提供了全新的学习体验。未来的学习机会几乎不再设限，每个人都能找到适合自己的东西。重要的是，我们要找到一条能够激励和鼓励自己的学习路径。同样，尽管数字化对我们提出了挑战，但它也为我们提供了全新的、不受时间和空间限制的学习机会。

2.5 学习策略

那么,雅思敏的情形是怎样的呢?根据她的描述,她应该正处于动机等级"毫无兴趣"和"我应该做"两者之间的某一点上。也就是既没有热情,也没有内在奖励,而是处于这两者的相反面。她的"零思维"开关正处于打开状态。因此,雅思敏无法遇到亮着绿灯的岔路口,她永远把培训推迟一步。她缺少拉力、动力和引导者去帮助她战胜内心的惰性。因此,雅思敏的生活总是停滞不前。

第一步:我该如何学习?

首先,我和雅思敏探讨了她所偏好的学习策略。我们带着以下问题回顾了她的初、高中和大学生涯:

- 你过去什么时候是真正喜欢学习的(小学、初中、高中、大学、日常生活、培训等)?
- 是什么让你感觉乐在其中?
- 哪些老师或培训师曾在情感上打动你?以怎样的方式?
- 哪些内容让你印象深刻?当时你采用了怎样的学习

方式？

◆ 在你看来，哪种学习方式尤其适合自己（阅读、听力、观看、实践练习、操作、故事、示例等）？为什么？

◆ 你在学习中最容易取得哪些成功？过程中你可以发挥哪些个人优势？

通过对以上问题的反思，我们得出了以下结论：雅思敏喜欢创造性地处理图片化和音频化的内容。她能够较好地、结构化地处理工作，并期待能够较快看到成效。一直以来，她更倾向于通过教学视频的方式学习，并参加实践训练课程。在她看来，培训师必须能够很好地吸引听众的注意力，教学过程中不能显得枯燥乏味。当参加者无法积极参与到课堂互动时，雅思敏就会感到枯燥无聊。纯粹的阅读和自学会使她失去动力。学校的化学课令她印象尤其深刻，因为她可以亲身参与所有的实验和尝试，直到今天她都能回忆起当时的许多实验结果。

第二步：我学习的目标是什么？

这一步骤的目标是把大脑和直觉相结合[1]，并积极地保存这种组合。它所涉及的问题是：我的学习目标是什么以及这个目标如何带给我动力。

雅思敏和我开始努力寻找积极的片段，为了将理性的"大脑目标"与感性的"直觉目标"相联结。或者说，为了解决"我

---

[1] Vgl. Senftleben, Ralf: https://zeitzuleben.de/infografik-motivation/.

应该"和"我想要"之间的内在矛盾。由于雅思敏喜欢使用图像，我们将在辅导中继续使用图像、内心设想以及语言隐喻的力量。

第一个大脑

第二个大脑

图 2-2 大脑与直觉的结合

- 你希望未来在职业领域或私人领域里取得怎样的成就？
- 对你来说真正重要的是什么？
- 你能想象到的职业上的最好发展是什么？
- 必要的职业培训能对此作何贡献？
- 如果你成功完成了职业培训，将会发生些什么？
- 当你致力于完成职业培训目标时，哪种内在形象能够帮助你获得更好的自我感受？
- 你的内部动机是什么？属于你的创意作业：请绘制、粘贴并为这张动机图上色。
- 你将如何用文字表达这张图画的关键信息和要点？

- 究竟是什么影响你找到自己的内部动机？
- 闭上眼睛，找出这幅内心的动机图并将它与你未来的职业培训相联结。

这幅新的内部动机图帮助雅思敏从一个全新的角度去看待她未来的职业培训问题，不仅是她眼中所散发的光芒，还有一种新的积极变化让人们感到耳目一新。

在我们的辅导过程中，雅思敏发现她最大的动力来源是希望成为自己孩子的榜样，在技术上保持先进并以现代化方法从事大型国际项目的策划。她在自己的动机图上画了一个大大的笑脸，因为她想以积极的心态、清醒的头脑去面对未来的工作世界。

第三步：我该如何具体实现我的学习目标？

雅思敏和我制订了一个行动计划，即一个可以带来巨大效果的逐步实施计划。实施计划的过程中我们还注意遵守了72小时法则，以便可以尽快采取第一步行动。首先，雅思敏希望通过 YouTube 上的教学视频初步了解相关主题的主要内容。其次，她需要和自己的上司进行一次谈话，一方面是为了能够正式申请一位同事成为自己的导师，另一方面是希望能够参加一些合适的职业培训课程。经过一系列调查研究，她报名了两门基础课程，并找到了一家培训创造性工作方法的学院。

雅思敏知道，她在新知识获取过程中的最大困难是缺乏坚持不懈的毅力，因而我们在计划中设计了一个万无一失的行动网络：一个应急计划，以便当她再次陷入零思维困境的关键时刻能够帮助她渡过难关。以下问题将会对此有所帮助：

- 动机在什么情况下会有所下降？
- 在这些时刻，谁可以成为帮助者、支持者和激励者？
- 我什么时候经历过类似的情形并坚持了下来？
- 我可以将其中的哪些经验转移到当前的学习主题中？
- 我的哪些能力和优势能够帮助我在这些危急关头坚持下去？
- 哪些优势可以帮助我保持对自己内在形象和个人未来的动力和热情？
- 如果出现缺乏动力的情况，我具体该怎么做？

如果……那么……（请非常具体地说明）

如果……那么……（请非常具体地说明）

如果……那么……（请非常具体地说明）

此外，我们还约定，一旦出现这样的危急情况，雅思敏就会在内心唤起那张属于自己的动机图。为保险起见，她还会在自己的办公桌抽屉里放一个复印件，并将动机图的原件挂在家里衣柜门的内侧。她和一位好朋友分享了自己的学习计划并与她约定，定期沟通计划的执行情况。也就是说，这位朋友成为雅思敏的辅导陪练。

通过我们的辅导，雅思敏学会了如何在最初并不感兴趣的主题上激发自己的动力。随着优势的明显强化和能力的增强，雅思敏感到越来越自信，无论在专业领域还是在个人领域。经过九个月的强化培训，雅思敏惊讶地发现，她也成了同事们遇到专业问题时的请教对象，雅思敏感到备受鼓舞。专业知识和职业环境中的角色变化以及新的成就感给她带来了全新的畅快体验，即可以胜任工作并成功克服曾经的学习障碍和拖延习惯，这也帮助她重拾了自信。

自我反思：为实现持续性发展而学习

练习

◆ 对你来说，什么是最简单的学习方法？

◆ 未来你必须、应该或者——在最好的情况下——想要学习什么？

◆ 你未来的日常工作需要些什么？

◆ 你认为自己的潜力在哪里？

◆ 你认为可以通过学习去积极适应的未来趋势是什么？

◆ 你所从事的学习领域在你的动机维度中处于什么位置?

```
1   2   3   4   5   6   7   8   9   10
```

◆ 如果你现在开始学习,这将对你的未来有什么影响?

◆ 什么会激发你的内部动机?

◆ 你如何能在自己的动力维度表中向右更进一步?

◆ 你的行动计划和应急策略是什么?

◆ 在接下来的 72 小时内,你可以采取的第一个最小的步骤是什么?

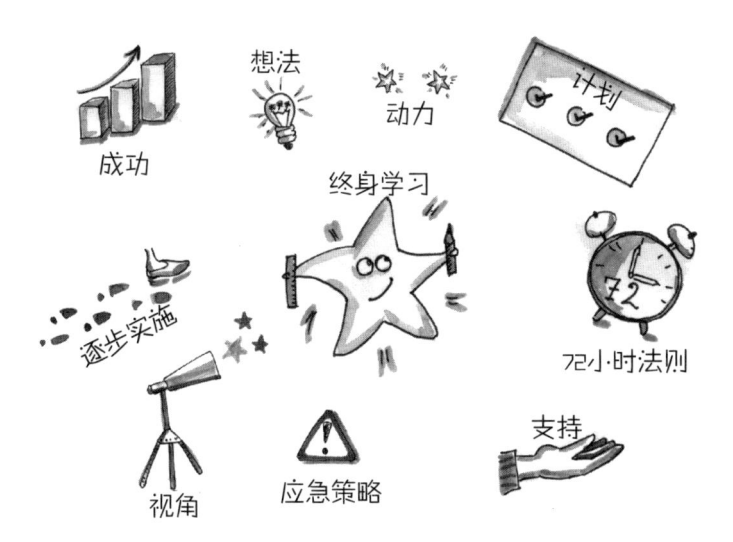

图 2-3　终身学习的不同维度

3 自我反思与自我调节

名言警句

"每个人的时间都是有限的。所以请不要浪费自己的时间去过别人的人生。不要让来自他人的噪声淹没自己内心的声音。要有勇气去听从自己的内心和直觉。"

史蒂夫·乔布斯(Steve Jobs),
苹果公司创始人,1955—2011

也就是说

自我反思和自我调节是有效进入新的工作环境的基础。

请记住

- ◆ 评估:你的目标和你的行动需求
- ◆ 简单测试:基本需求
- ◆ 成功沟通的技巧
- ◆ 处理感情的方法
- ◆ 不再害怕未来

3.1 职业满意度

你每天需要工作多长时间？你的工作需要占用多大空间？实际的数字可能比你想象中的要大得多。我们可以尝试来估算一下。为简单起见，我们就以德国税务局认证的年均 230 个工作日来计算，按照工作日 8 小时的标准，每人一年的工作时间为 1840 小时。那么 10 年就是 1.84 万小时，30 年就会超过 5.5 万小时。随着退休年龄的增长，这 5.5 万小时也将无法覆盖我们需要工作的全部人生。仅仅从时间因素考虑，职业满意度就已经至关重要。因为以此为起点，我们才能过上幸福、健康[①]和稳定的生活。

想要拥有健康和成功的职业生涯，不可或缺的一点是要清楚地知道，什么是对自己的职业和个人而言真正重要的，以及有意义的工作对自己而言意味着什么。你需要清楚自己的目标和愿望。为此，你需要知道哪些价值观对自己十分重要，以及每天早起工作的意义是什么。你必须认识到自己的热情应该面向何方。因为如果你明确自己的前进方向，并已经为此做好了准备或至少做了一些准备，那么你将更容易找到属于自己的人生道路。然后，你可以借助自己的优势和潜能，按照既定的路

---

① Vgl. dazu auch AOK-Fehlzeitenreport 2018: Sinnerleben im Beruf hat hohen Einfluss auf die Gesundheit, https://aok-bv.de/presse/pressemitteilungen/2018/index_20972.html.

线朝着目标迈进。同时，你也会产生内部动机。

实现上述过程的基础是自我反思。因为只有通过评估自己的需求、优势和潜能，你才能知晓自己可以依赖的能力以及需要继续发展的职业技能有哪些。

"我不知道自己想要什么。"

在我的辅导过程中，经常会遇到一些顾客不知道自己的职业发展需求是什么。对这样的具体问题，他们经常反馈给我的答案是他们不想要什么，而只有少数人可以立即回答出他们的愿望以及期待的前进方向。实际上，确定一个适合自身偏好和需求的目标方向并不是一件容易的事情，无论在职业领域还是私人领域。

有时候我们可以先选择绕道而行。例如，我们可以先识别出自己不适合的领域或情形：你在专业上不太擅长的事情，你的疼痛域限之所在以及你无法跨越的障碍等。如果你将工作的环境和氛围视为十分重要的因素并关注于此，那么你可能希望在一家不会践踏这种基本态度的公司工作。如果良好的工作氛围对你来说十分重要，并且同事之间的友好愉快相处位于你的需求排序首位，那么你将无法在一个只有互相批评、从不互相表扬甚至会发生言语攻击的环境中开心工作。另一个例子是军火行业，我的很多客户不会选择从事军火行业，这是因为军备往往意味着侵略和战争。

启发性问题

你知道什么是职业上对自己重要的事情吗？你有具体的职业目标吗？通过在下列1~10的区间内为自己打分，可以知道你对自己未来职业抱负的清晰程度。1分表示十分迷茫，没有方向，10分表示想法清晰，目标明确。以下问题可以帮助你更加准确地为自己打分，请在过程中记下灵光一现的要点、想法和思考。

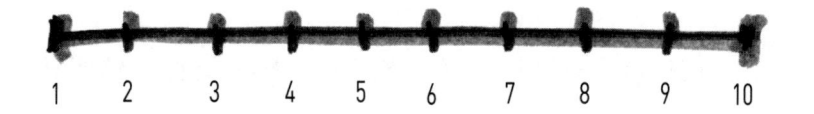

1　2　3　4　5　6　7　8　9　10

以下问题将帮助你反思自己的目标设定：

◆ 什么是职业上对你来说最重要的？

◆ 你希望未来5年的职业（或个人）发展方向是什么？

◆ 哪些价值观对你来说至关重要（例如自由、稳定、家庭、合作、独立、可靠、冷静、健康、公平、个人成长、内心安宁）？

◆ 你的优势有哪些？

◆ 你还想开发自己的哪些潜能？

◆ 你认为其他人是如何看待你的？他们可能认为你有哪些优势（假定的外在形象）？

◆ 你在工作中绝不能缺少什么？

◆ 你的职业目标和/或工作领域现在和未来的发展趋势和要求是什么？

通过反思和回答以上问题，如果你仍将自己的分值划定在1~3分的范围，那么说明你仍有可以改进的空间。为了更清晰地制定自己的目标并有动力按照既定路线前进，更加清晰的反思势在必行，即对上述主题进行更深入的探讨和研究。

如果你的打分区间为4~6分，那么你应该已经具备了较清晰的想法规划。你已经可以根据自身需要制定适合自己的发展目标。进一步地自我反思能够帮助你更多地了解自己并认识到更多的未来发展潜力。

如果你的分数大于7分，说明你已经设定了明确的发展方向并可以积极地塑造未来。进一步地自我反思可以提升你的动机等级并不断增强内在力量。

但是，有时我们往往会忽略日常生活中频繁使用的一些名词的真正含义，究竟"事业有成""成功"或"工作与生活的平衡"意味着什么呢？在职业辅导之初对这些概念进行定义是至关重要的，因为经验表明，每个人对这些概念的理解都各不相同。

对本来说，"事业有成"意味着他可以努力寻求个人发展、从事他所感兴趣的工作内容以及不断发挥自己的优势和长处。此外，积极的反馈对他和他的事业同样重要，当然还有合适的薪资报酬。

与之相反的是，卡塔琳娜认为个人的"生活—工作—平衡"[①]是事业发展中最重要的一点。对她来说，对家庭和孩子的照顾

---

① 我更喜欢使用"生活 —— 工作 —— 平衡"这个表达方式，因为这样的词序会带来一定的句间停顿，这对我来说更符合现代的表达习惯。

3 自我反思与自我调节

以及它们与工作的兼容性是至关重要的。而对其他人来说,"生活—工作—平衡"可能意味着旅行和瑜伽,而绝非家庭。"事业有成"可能也意味着传统意义上的升职加薪。只有每个人自己才能真正定义这些概念。

对核心概念的反思

◆ 对我来说,"事业有成"意味着:

◆ 我是这样理解"成功"的:

◆ 我衡量个人成功的方式是:

◆ 在如下情形,我认为实现了生活—工作—平衡或工作—生活—平衡:

◆ 我认为"有意义的工作"是:

当你能够越准确地解释这些概念时,越代表你能够具体甚至形象地设定自己的目标方向并与之看齐、不断前进。

在辅导过程中，本所关注的是更好的职业发展前景。他并不追求传统意义上与地位象征和高薪相关联的管理职位，而是更希望能够为公司大局贡献自己的力量，负责项目并更多地参与企业的未来发展。这是他在辅导过程中所描述的关注方向。本受聘于旅游行业的市场营销部门，负责公司的可持续性规划。在辅导之初，他感觉自己的职业生涯仿佛一直在原地踏步。而在衡量目标清晰度的打分表中他的自我评分都在7~10分。

3.2 个人基本需求

为了找出本对未来的确切需求，我们首先来关注一下他的基本需求。根据德西（Deci）和瑞安（Ryan）提出的自我决定理论，每个人天生具有三种基本心理需求：能力需求、社会融合（即人际关系）需求和自主性需求。[1] 幸福感的获得很大程度上取决于这些因素得到满足的程度，无论在职业上还是在个人生活中。因此，职业满意度也与基本需求的满足息息相关，而这又会反过来影响工作中的动机和责任心。因为如果一个人对工作不满，那么他的工作质量也不可避免地会受到影响。

---

[1] Deci, Edward L. / Ryan, Richard M.: Self-Determination Theory and the Facilitation of Intrinsic Motivation, Social Development, and Well-Being: https://selfdeterminationtheory.org/SDT/documents/2000_RyanDeci_SDT.pdf.

3 自我反思与自我调节

因此，满足个人的基本需求对保障其未来的工作质量至关重要。同时，有责任心且充满激情的员工也将成为就业市场的优先选择。

十分重要的一点在于，每个人对基本需求的侧重都各不相同。例如，并不是每个人都追求高度的自主或紧密的人际关系。对一些人来说，高度的自主会令人感到害怕，因为他们更多地关注结构和安全。而另一些人则可能会觉得人际交往应该越紧密越好。然而，紧密的人际交往对第三类人来说可能是一种束缚。因此，对三种心理需求的考量尤其需要因人而异、区别对待。

在职场环境中，三种基本需求的含义如下：

- 关键词"自主性"是一个人可以独立完成自己工作的程度、忠诚于自己内在价值观行事的程度以及个人决策空间的大小。其关键在于，自主性要流转于个人的安全框架内。这就是为什么每个人所追求的自主程度各不相同。但通常情况下，如果你想要达到更高程度的自主，外部控制和少量行动空间会受到一定的限制。适当的自主会让你感到满足、赋予你灵感并在理想状态下帮助你成长。

- "能力"一词概括了你对自己能力的信任程度，以及你认为自己可以在多大程度上利用自身优势和能力达成目标或取得成功。也就是你所感受到的自我效能，尽管有时候你在事后才会注意到这一点。高度的职业满意度是衡量自我效能感的重要指标。如果你得到了较高的能力认可度，并且在满怀热情和喜悦地完成工作中取得了积极成果，那么你的个人发展将得到提升。相反，如果你觉得自己的长处和能力用错了地方，并没有被看到和重视，那么你的自信、动机和满意度将会迅速下降。

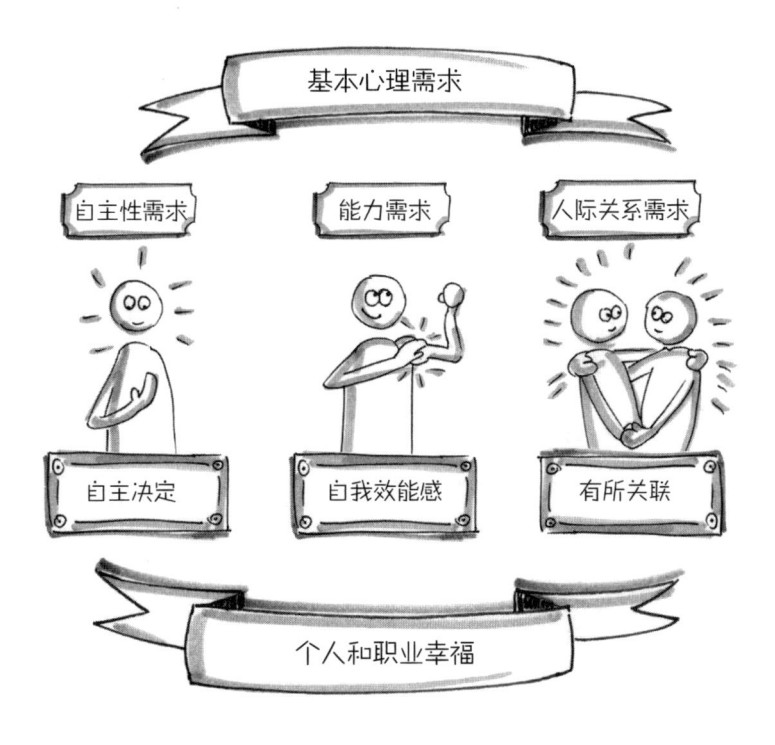

图 3-1 三种基本心理需求 [1]

---

[1] Abbildung in Anlehnung an: Blickhan, Daniela: Positive Psychologie, a. a. O.

3 自我反思与自我调节

◆ 所谓"人际关系需求"是指一个人对归属感的追求，即对职场中与上司和同事之间纽带关联的需求。当然，根据职场环境的不同，它也可以是与客户、合作伙伴或其他目标人群的纽带关系。如果你感到不被接受、被忽视甚至被不公平对待，那么你就会产生一种孤独、消极和不满的情绪。而如果你找到了自己想要的某种情感关联，即一种远近适宜的相处模式，那么你将会更好地融入职场并更加顺利地开展工作。

练习

你的基本需求是否得到了满足？

自主性需求

第一步：你在工作中可以多大程度保持自主性和坚守自己的价值观（另见关于目标明确性的问题）？这不仅是关乎大事的抉择，而且是关乎你能够在自己的业务范围内保有多大程度的独立性。

你对所作的决定负有多少责任？

你目前工作中的个人自由度有多大？

在 1~10 分的区间范围内，你的实际价值处于哪个位置？请给自己打分。

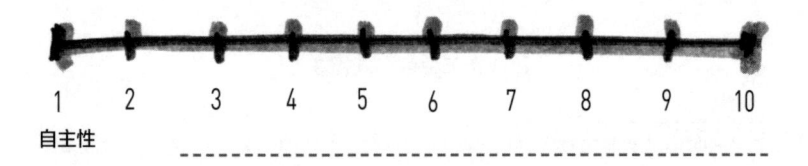

| 1 | 2 | 3 | 4 | 5 | 6 | 7 | 8 | 9 | 10 |

自主性

第二步：你会将自己的目标价值设定在什么位置？你认为自己在现有工作岗位上的价值应该是多少？请在自主性打分中同样标注出你的目标价值，并用不同颜色加以区分。

反思：你对当前职业环境中自主程度的满意度如何？

能力需求

第一步：你在职场中感受到的自我效能如何？你对部门或整个单位的发展创造了多少贡献？你能发挥多大的优势？你对预期结果的实现发挥了多大作用？

在 1~10 分的区间范围内，你的实际价值处于哪个位置？

```
  1   2   3   4   5   6   7   8   9   10
能力
```

第二步：你将如何设定自己的目标价值？或者换一种说法：你认为自己在现有工作中的价值应该是多少？请在能力打分中同样标注出你的目标价值，并用不同颜色加以区分。

反思：你对自己能力值的满意度如何？

3 自我反思与自我调节

人际关系需求

第一步：你觉得你与自己职业环境的联系有多紧密？你在人际关系层面的表现如何？你的自身感受如何？你认为自己在多大程度上被需要、认可和接受？

请在 1~10 分的区间范围内，为自己的实际价值打分。

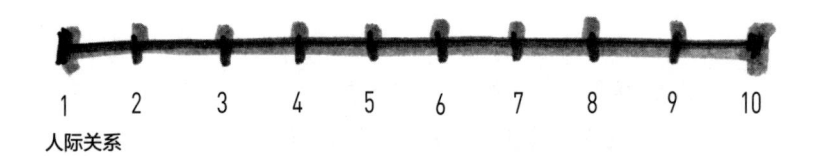

```
 1    2    3    4    5    6    7    8    9    10
人际关系
```

第二步：你的目标价值是多少？你认为自己在现有工作岗位上的人际关系值应该是多少？

请在人际关系打分中同样标注出你的目标价值，并用不同颜色加以区分。

反思：你对自己的人际关系满意度如何？

整体反思

请再次回顾你的实际价值和目标价值在三个维度中的打分情况。

你对整体结果的满意度如何？

_____

_____

_____

你对如今的什么情况感到满意?你希望继续保持哪种状态?

_____

_____

_____

你认为在哪个需求维度最需要采取行动?

_____

_____

_____

你能够在哪个方面做出改变?

_____

_____

_____

你的第一步行动计划是什么?

_____

_____

_____

哪些是可以独立完成的?哪些需要别人的支持?

_____

_____

通过上述练习，本和我一起对他的基本需求进行了评估。通过对三方面基本需求的权衡考量，本发现，他缺乏自我效能感。这是他目前的个人症结之所在。他意识到，首先他需要对自己的优势、能力以及对自身能力的运用水平进行更深入的了解。相比之下，本对职场中的人际关系以及自主程度的感受处于较为协调的状态。他知道自己想要从事的内容是什么，并能够有针对性地集中精力和专注于自我效能的提升。通过这一次自我反思，本找到了明确的前进方向。

在辅导过程中，我们致力于探索发现本的个人优势和能力，而这正是本乐于前往的乐土。在各种方法的帮助下，本很快意识到良好的社交能力、平衡能力以及同理心是他的巨大潜力之所在，再加上准确而快速的理解力能够让他准确地提出问题并成功地得出结论和解决方案。此外，他还意识到，他想要建立和发展新型方法论知识。

多亏了本在公司中所具备的良好人际关系，他很顺畅地和自己的上司就新型管理方法的实施展开了讨论。明确的内在需求使他能够更清晰地表达自己的愿望和想法并切中要害。本强调，新型管理方法将对所有的参与者都有所助益。本迅速参与到公司对新型管理方法的培训课程中。他说服了自己的上司，让她相信这对每个人都有好处，最终上司给予了他支持。在日常工作之余本还要负责开展新型管理方法的培训，这对本而言是一个挑战，因为在培训过程中他不断被推向舒适区的边缘。但支撑他坚持下去的原因是他的巨大动力：他想要实现更高的自我效能。他的计划奏效了。经历了一段时间的不确定，他的能力和优势得到了明显提升。他的上司承诺他，他可以在公司享有更大的职能权限。他觉得自己越来越有能力了。外界的反馈也体现了这一点。本感到备受鼓舞。

正如本的例子所表明的那样，自我反思的最大特点是不断地进行自我提问。因此，本章内容的特点在于，它设置了比其他章节更多的问题和练习。这里还有一个小小的请求：当你读到这里的时候请暂停一下，并思考一下你在私人生活领域的基本需求情况。

有时职业领域和私人领域的问题会相互交织在一起。所以我们会认为，我们对职业领域的不满实际上是源自私人领域的不尽如人意。这同时也是自我反思的一部分：敏锐地看到我们自己的问题和挑战之所在，清楚我们的能力并了解我们所致力的目标。这种自我反思对我们未来的持续性发展至关重要。因为不经反思，我们将很难找到想要或者必须走的方向。

小步迈进策略

再次回到本的例子。本的进步提高并非一日之功。事实上，整个过程持续了一年多。当然，本在开始之初就知道，自己的学习目标并不会一蹴而就，相反，自我反思和新方法的学习都是需要毅力、动力和恒心的，而他也确实需要空出时间来完成我们的计划。

本的自信使他相信这个学习计划并敢于面对可能出现的各种情况。同时，他也知道适合自己的学习方法是什么。他并没有纠结于过去或未来可能发生的事情，而是脚踏实地地开展自己的学习计划。

当我们像本一样确定了自己的行动领域，我们就可以用红线为自己划定范围并以正确的步骤实施计划。为了取得成功，小步前进是很有必要的。因为这样我们将更容易迈出第一步，而不会因为惧怕前方的"高山"而放弃计划。因为山峰越高、坡度越陡，也意味着越难开始。因此，对大多数人来说，小里程碑式的目标是很有帮助的。就这样我们开始了征程：一步又一步！坚持不懈，向前迈进，直至终点。可是为什么要如此呢？这是因为小幅度的简单迈进能够减少恐惧，人们可以更好地预见和克服障碍。同时，人们也可以随机应变。小的活动和变化更容易被融入日常生活。这样的好处在于：我们可以在过程中得以喘息，进行反思，并在必要时再次调整方向。挫折并不会让我们完全倒退回原点，而可能仅仅只是回到最后的阶段目标。这样，我们更容易重整旗鼓、继续前行。

如果我们能意识到自己真正需要的是什么，那么我们将更加顺畅地继续前行。例如，我们可能不得不依靠我们的其他技能或者首先发展某项技能；或者我们需要他人的支持并寻求帮助，因为我们自己独臂难支。当然，也有一些人可以毫不迟疑地大步前行。对他们来说，前行的速度越快越好。总的来说，我们需要以适合自己的步调前行，而我们的直觉会告诉我们，适合自己的速度是怎样的。无论如何，行动起来才是最重要的。

内外清明

自我反思意味着与自己的思想和感受世界相沟通，与那些塑造和构成我们的元素相联系。我们能够更清楚地看清自己。无论在现在还是未来，这对于提升职业满意度都至关重要。只有当我们具备这种内在的清明，我们才能将它向外传播。我们可以表达自己的目标和愿望，并向外部世界发表和解释我们的观点。我们可以实现自我提高并展开建设性讨论。内在清明同时还会带来外在清明——我们会自然而然地得到重视并感受到不同的对待方式。然而，重要的是我们不要用不良沟通来稀释我们的清明度。因此，优化我们的沟通交流也十分重要。因为如果没有成功的沟通，就没有"上线"和"离线"之分。

> **信息提示**
>
> **成功沟通的建议**
>
> 以下是一些有助于促进职场或私人沟通的提示:
>
> ◆ 采取礼貌友好的互动方式。
>
> ◆ 请抱有兴趣地聆听,而不要同步在大脑中形成自己的答案。
>
> ◆ 感知对方的关注点和需求。
>
> ◆ 让对方说完。
>
> ◆ 用第一人称交流。
>
> ◆ 区分事实信息层面与关系层面。
>
> ◆ 清晰提问以消除误解和误读。
>
> ◆ 解释自己所提问题和观点的动机和背景。
>
> ◆ 切入正题:尽可能简短,必要时详细。
>
> ◆ 仅在被要求时给出建议。
>
> ◆ 不要一概而论,举例具体说明。
>
> ◆ 将相关者变成参与者,不要在背后议论他人。

3.3 自我调节:了解自身感受

即使你能把以上的所有技巧都牢记在心,也并不意味着你的沟通总是成功的,因为还有一些其他因素影响着言语交流的有效性。接下来我将对另一个因素,即自我调节,进行详细的阐述。

一个很简单的关于无效自我调节的例子就是,我们有时候会下意识说出一些事情,然而事后恨不得扇自己耳光。为什么会出现这种情况呢?通常来说,一些观点或时兴话题会引发我们的情感共鸣,进而影响我们的行为和沟通交流。例如,在交谈过程中对方可能会通过他的表述引发我们的恐惧、担忧或负面记忆,这时我们是否还能保持原有的交流模式?还是我们可能会突然说出一些事情,那些事后更倾向于换一种表达方式的事情?是感受控制了我们,以至于让我们说出一些不受控制的言论吗?事实上,感受十分重要,同时它也在向我们传递一些信息。但有时它也会误导我们,造成显而易见的不良后果,无论在对方的反应中还是在自身感受的身体表征上。

因此,通过训练和反思加强对自身感受的了解十分有益,这将有助于实现有效沟通。也就是说,我们应该能够控制自己对自身感受的反应,也就是所谓的自我调节。自我调节能够帮助我们更轻松地应对挑战,这也可以被称为有效的冲动自控。越能控制好自己对内在冲动的反应,我们就能越早成为我们想成为的人。当然,这并不意味着我们处于一种被强制控制的状态。它只是说明,我们很了解自己和自己的感受,并且能够很好地处理它们。

而这一切的前提在于,我们能够准确识别自己的感受。

为它命名，逐个击破

通常我们会对消极情绪感到不舒服或对积极情绪感到舒服，但无法确定究竟是怎样的一种感受正在我们的内心蔓延。这时我们该怎么做呢？很简单，设置一个暂停标识，让自己休息一下，也借此机会让自己在行动之前正视自身感受。而下一步就是对这种感受命名。通过短暂的停顿，也就是设置暂停标识，我们为自己创造了距离。我们可以花时间去感知这种感受并为它命名。通过这种方式，我们也为自己创造了机会，去制定自己面对这一感受时的应对方案。我们应该中性地看待每一种感受，不带有任何主观评判。感受没有好坏之分，它只是我们面对不同情况的内在反应。因此，我们不必为此辩解或苛责自己，只将其视为一种感受即可。如果我们能够以这样的方式接受自身出现的各种感受并为之命名，那么我们就为自己创造了空间。

我们是幸福的、兴奋的、热情洋溢的，还是害怕的或愤怒的？我们感觉自己的价值观受到了践踏还是感觉遭受了攻击？感知这样的自我感受对我们来说至关重要，因为这样我们就可以控制自己的行为，也不必因为后悔曾经的冲动行为而感到生气。冲动行为并不一定总是大声的或咄咄逼人的，它也可以是安静或退缩、沉默或受辱。或者我们可以下定决心，有意识地去探寻自己的冲动反应。

在内心设置暂停标识可以帮助我们创造空间，去权衡各种替代行动方案。我们将自己的注意力从感受上转移开，转而集中到自己的行为上来。这样，感受的影响就会被降低而我们也获得了对自己行为负责的主动权。我们可以用头脑决定如何作出反应。这样，我们就实现了对自身感受反应的有效调节。

也许这些乍一听起来有点抽象，但请回想一下，你是如何应对工作中的压力或如何面对批评的？良好的情绪调节能够帮助你控制自身行为，而不至于陷入违背本意的行为模式之中。你一定有过类似的经历，事后对自己的行为感到十分恼火却于事无补，而这些大多是你基于自身感受所作出的自发反应。面对批评时，你是觉得备受伤害，选择退缩并回避批评你的同事，还是保持冷静，选择在第二天再次找到这位同事，寻求具体例子的解释说明来对照自己的不足，并思考自己可以在多大程度上接受批评并做出改变？这两种选择之间存在着巨大的不同。或者，你可能想向同事解释自己的观点、动机和论点。这种积极、建设性地处理自身感受的行为使你能够控制自身的反应模式，同时也实现了自我提升。

解读感受

通过图 3-2，我想教给你一个方法来帮助你解读自己的各种感受。越了解自己和自己的价值观以及需求，你就越容易对自己的感受进行分类。

感受	身体表征	可以向自己提出的问题	可能的反应（视身体情况而定）
恐惧	肌肉紧张，心跳加速，颈部僵硬	我在惧怕什么？	
悲伤	疲劳，虚弱无力，无精打采，泪流满面	我失去了什么？	
生气/愤怒	紧张，咬紧牙关，体温升高	我的价值观是如何被攻击的？	
喜悦	轻松，大笑，微笑	我赢得了什么？	
过度紧张	出汗，眼睛发直	具体是什么让我倍感压力？	

图 3-2 解读感受的有效问题[1]

你还可以创建属于自己的解读表格，这可以提升你的自我认知，并极大地帮助你控制情绪。你可以根据具体情况填写表格中"可能的反应"一栏。例如，当你在工作中感到备受压力（过度紧张）时，你可以作出如下反应：暂时放下手头的工作，做一些简单的放松练习；与你的主管讨论工作任务（但请准备好具体的改进意见）；少喝咖啡多喝水，绕着社区走一走；和一个要好的同事共同寻找短期的解决方案；报名一个关于时间管理主题的研讨课程；写下工作任务并根据优先级进行排序分解；尽量减少工作中的阻力因素等。你一定能够想到更多可以改善

---

[1] Tabelle in Anlehnung an: Olson, Deborah: Die Psychologie des Erfolgs. Ein praktischer Wegweiser zur Entfaltung der eigenen Potenziale und Stärken. London: Dorling Kindersley, 2017, S. 90.

困境的积极措施。

如果你认为解读感受的表格并不是适合自己的方式，那么你还可以尝试转换视角：如果你的一个朋友陷入了和你一样的困境，你会给她什么建议？此时她的什么感受正支配着她的行为？她可以做出哪些选择？视角转换的另一种可能性是：你最好的朋友会在这种情况下向你提出什么建议？

你现在已经阅读了很多关于自我反思和自我调节的内容，如果你感到心情愉悦并十分舒适，那么说明这一切对你来说并不困难。但如果你的感受并不美好，那么情况将截然不同。比如，当你恐惧未来的时候。恐惧是一种十分强大的感觉，它甚至可以掌控一个人的全部行为。对未来的恐惧表现在，你的所有设想最终都会走向最糟糕的结果。

通过设置暂停标识，你可以打破这个循环并消解恐惧。在辅导过程中，往往通过一个步骤就足以帮助你走出恐惧的阴影，即停下来，暂停一下，最糟糕的情况下会发生什么呢？然后……你认为这种情况出现的可能性有多高？这时，你很快会注意到，你的焦点被转移了。你的恐惧在这一刻失去了威力，因为你现在正作为一个中立的观察者远离恐惧。而正是这种所谓的分离能够帮助我们再次获得行动的能力。

情况不会越来越糟

消除未来恐惧的一种方法是设想最糟糕的情况。这种方法能够帮助你从恐惧未来的逃避者转变为主宰未来的设计者。请根据你的职场环境,设想一下未来可能发生在自己身上最糟糕的情况。

卡塔琳娜也曾经设想过最糟糕的情况:她担心自己的岗位会因为公司的重组和新技术的应用而被裁撤。我询问她,什么是对她来说最黑暗、最恐怖的场景?在最糟糕的情况下会发生些什么?卡塔琳娜将这种可怕的情形描述如下:

随着新技术的引进,我的工作领域将成为最早被裁撤的对象之一。没有其他可能,这个领域已经退出了历史舞台。我的公司向我提供了一笔补偿金,出于自尊我并没有接受。毫无疑问,我还是不幸被解雇了。我陷入了个人危机,这是我之前从未预想过的情况。我每天都感觉越来越糟,感觉自己很无用并且不被需要。就这样,一个恶性循环开始了:我无法振作起来再去应聘其他的公司。我几乎无法早起,整天看着电视并且不再在乎任何事情。我的孩子们开始看不起我。是的,谁又想要这样的妈妈呢?我变得越来越闷闷不乐,并且开始在孩子们上学的时候偷偷去外面捡瓶子。不知从什么时候开始,我不仅会在早上出去拾荒,我还变成了酒鬼。我的丈夫要带着孩子们一起离开我。没错，而我的公寓被抵押没收了。我坐在大街上一无所有，没有朋友，我的家人也不想与我再有任何联系……我的人生毁了。

此时，我交给卡塔琳娜的下一个任务是：你现在能够做些什么来阻止这种可怕的场景发生，假设你已经如实地感受到了这一切的严峻程度？卡塔琳娜转换角色，以未来设计师的身份制订了如下计划：

- 我会及时了解公司的具体情况，并立即开始积极寻求其他工作机会。
- 我会与我的上司以及人力资源部门探讨，寻求在本公司从事其他岗位的可能性。
- 我会寻找职业顾问并接受辅导，以便更好地发掘自己的能力和潜力，以更好的姿态寻求新的工作机会。
- 我会与家人探讨我的职业现状并积极利用我的现有人脉，重新制定我的职业规划。
- 我会与人力资源顾问取得联系，参加活动，利用并扩大现有的人脉资源，以尽可能在市场上展示自己。
- 我会完成有关新型工作流程的培训，并借此在公司内部和市场竞争中取得优势。
- 我会不断参加各类培训和继续教育。现在我正在进行远程学习。
- 我会实现我的梦想并在社交领域开发线上业务。我会搜集曾经的一些想法并从中创造出一些疯狂的东西——最初是以兼职的形式进行的。

- 我和我的丈夫商议，希望未来他能更加专注于事业的发展，因为他具有一个发展前景广阔且薪水丰厚的职位，未来他将成为家庭的主要收入来源。而我将重新调整自己的人生定位，并在未来两年专注于寻找新的职业方向和照顾家庭。

- 我们也在考虑搬家到一个更好的位置，而我的视野也会随之开阔。我正在积极寻找有发展前景的行业类型，同时也在进一步提升自己的专业能力，以提高就业市场对我的需求度。

- ……

卡塔琳娜还可以继续扩展这份计划清单；事实上，她很高兴能够在过程中意识到她还有许多可以操作的空间。即使在考虑和描述到有可能发生的糟糕情形时，卡塔琳娜的眼睛也一直焕发着光彩。而这正是重点。

那么你呢？你是否想要尝试重塑自己的未来，还是将未来视作掌控自己的恐怖场景？凭借正确的思维模式和终身学习的意愿，最坏场景设想会是一个简单而有效的游戏，帮助你识别机遇并采取行动，以保持你在未来就业市场中的吸引力。正如埃里希·凯斯特纳（Erich Kästner）所说的那样："没有什么比行动起来更加重要。"

4 数字化

名言警句

"改变的秘诀在于将你所有的精力集中在创造新事物上,而不是与旧事物相抗争。"

苏格拉底(Sokrates),古希腊哲学家,公元前469—前339

也就是说

抓住数字化带来的可以改变未来的机会。

请记住

- ◆ 创新实例,创造历史
- ◆ 人工智能带来的机遇及其对不同职业领域的影响
- ◆ 应对数字化挑战的自我评估
- ◆ 数字开放性和数字化能力的内省问题

4.1 回顾过去

有一天,我和儿子坐在花园里,他向我讲述他所作的一次关于工业化历史的报告。通过和他的交谈,我再次感受到科技进步和社会变革对每个个体的巨大影响。

信息提示

塑造创新能力

"创新"是我们经常遇到的一个词语。它可以追溯到拉丁语动词 innovare,意为"更新、再造"。"口语中,该词一般用于表示新思想、新发明以及它们所带来的经济效用。而从狭义上讲,'创新'本指被用于开发新产品、新服务及新流程,得以成功实施并具备市场效用的思想理念。"①

一直以来,人们都未曾停下创新的脚步。以我与儿子对话中的三个例子为代表:印刷机、蒸汽机和抗生素。其实,对这三个领域的选择并非偶然,它们都是生活和商业的基本领域,它们所经历的变革与如今的数字化革命具有一定的相通之处。

---

① Vgl. https://de.wikipedia.org/wiki/Innovation.

印刷机

1440年左右,约翰内斯·古腾堡(Johannes Gutenberg)在美因茨发明的印刷机第一次使低成本书籍制造成为可能。随着这项发明的产生,书籍、知识和教育开始变得更普遍也更低廉,即使是收入水平较低的人群也开始有机会获得书籍。印刷文字的日益普及促进了教育的发展,人们的识字水平在提高,社会的教育水平也随之上升。现代印刷机由此成为传播新思想、新观念和新理论的温床,也成为现代知识社会的基础。

蒸汽机

在蒸汽机出现之前,日常生活用具主要由以家庭为单位的小型手工作坊生产。随着蒸汽机的出现,人力被机器所取代,之前需要花费很多人力完成的工作现在只需要几台机器就可以完成。第一批工厂建成了。而工厂的选址越来越不受局限,因为人们不再依赖水流提供动力。此外,自18世纪后期开始,蒸汽机还极大地促进了交通工具的发展。没有蒸汽机,就没有火车和汽车。新的运输路线出现了,货物的配送速度也显著提高。而这也意味着更长距离的运输成为可能,即货物的运输半径增加了,人们的行动自由度也大大提高。这种相互作用是工业革命的重要组成部分,同时促使了技术的进一步发展。

抗生素

我想要讨论的第三个领域是医学的发展。从前,数百万的人类死于很小的伤口和感染,而青霉素的偶然发现改变了这个历史。过去,肺炎、天花或梅毒几乎意味着必死无疑。随着亚历山大·弗莱明(Alexander Fleming)于1928年发现青霉素,以及此后几十年研制的各类药剂的产生,大大降低了人们对疾病的恐惧并提高了人类的平均预期寿命。[①]

发展是把双刃剑

一直以来,创新在改变整个社会的同时,还给每个个体带来了巨大的新变化。

通过谈话,我和儿子一致认为,伟大的发明既有好处也有坏处。我们得出结论,印刷机带来的获取知识和教育的新途径对每个人来说都是巨大的好处。通过更高效和有效的生产,蒸汽机在更大范围内改善了个人的消费现状。同时,人们获得食

---

① Vgl. z. B. https://www.wissen.de/penicillin-der-anfang-der-antibiotika.

品、纺织品和其他产品的机会以及可选择的消费品的种类都大大增加。交通工具的改善使远距离运输、参观以及外出工作成为可能。对此我们也给予了积极评价。而在第三个例子中，抗生素极大地改善了人们的健康状况，减轻了人们对疾病的恐惧并延长了个人预期寿命。

这些经历5个世纪积累形成的发展成就当然也带来了相应的负面结果。不是每个人都知道：只有那些具备阅读能力的人才能参与到新的知识社会中，而少数人幸运地得到机会得以识字读书，主要是因为他们得到了别人的帮助。借此机会，他们得以贡献自己的力量，积极参与塑造社会。即使在当时，人们也需要付出努力：克服舒适区，动用意志、毅力和动力。不过人们需要找到可以资助自己的人和必要的资源。因为尽管出现了成本较低的书籍，但教育在当时仍然是一种相对昂贵的商品。理所当然，当人们致力于学习时是无法工作的，而工作意味着赚钱，意味着生存。

随着工业化发展，失业和贫困也在不断蔓延，尤其在城市中：许多小手工作坊和家庭作坊被工厂所取代，这意味着许多人失去了工作，变得一无所有，而不得不重新寻找人生方向。他们搬到城市，希望能够在这里找到新的工作，或许还能在工厂里打工。他们希望获得更高的收入来养活自己和家人。然而，城市中充斥着太多一无所有的人，日益发展的城市化带来了大量的贫穷和困苦。

此外，疾病也仍旧困扰着人类：从发现青霉素到它的普及使用经历了很多年的时间。直至第二次世界大战，为挽救士兵的生命，制药行业对青霉素的研究才有所加强。更晚一些，即"二战"结束后，青霉素才真正得以普及。

通过上述例子，你会发现，人们总是需要面对变化。而正如刚刚所描述的，变化也伴随着个人的付出和损失，这并不是个人意志可以决定的。那些曾经僵化不变、面对改变缩手缩脚的人后来怎么样了？他们在某个时候选择保持观望，然而历史的车轮毫不停歇地向前转动。无论过去还是现在，相比于那些墨守成规并将新兴事物妖魔化的一群人，灵活主动面对挑战并试图解决时代问题的人拥有更多的选择和操作机会。

4.2 展望未来

长期以来，数字化已经成为人们生活和工作的一部分。[1] 人们对智能手机和各种终端设备的使用习以为常；而没有使用或没有随身携带智能手机的人则成了异类。自主学习系统，即人工智能（AI），促成了数字化的快速发展，并给人们的工作和生活带来了深远影响。一个广为流传的例子可以追溯到1997年，当时，"深蓝"象棋计算机首次战胜了当时的国际象棋卫冕世界冠军加里·卡斯帕罗夫。自2011年以来，Siri一直作为虚拟助

---

[1] Vgl. z. B. Rittershaus, Axel: Was Sie zum Thema KI wissen müssen, https://www.computerwoche.de/a/was-sie-zum-themaki-wissen-muessen,3544140.

手陪伴着所有的苹果用户。伴随着友好的男性或女性声音，Siri可以独立帮助用户检索互联网信息、拨打电话和完成任务。它还可以讲笑话，并且每天都在学习新知识。此外，一些如亚马逊 Alexa 等的语言系统都属于自主学习系统，它们不再仅仅作为我们日常生活的陪伴者，而是开始参与改造我们的生活。谷歌、亚马逊和微软正在全力以赴，借助我们愿意提供的各类数据，将那些能够让生活变得更加简单的新发展推向市场。显而易见的是，企业正在根据我们的数据迅速开发新的产品和系统，从而影响我们的工作和生活。那些根据我们的个人喜好而推荐的个性化广告横幅，以及那些似乎为我们量身打造的新的平台和应用程序，在哪个人的生活中又不是司空见惯呢？

数字化的发展带来了很多新的词语，如云、大数据、电子健康或机器人。这些词语现在都已为人所知，因此我不打算在这里为它们逐个定义。此外，几乎每个人都在使用电子地图、应用程序或聊天软件。因此，即使你现在对这些词语不甚清楚，也可以随时使用你的智能手机进行查询，有时候了解词语的确切定义是有必要的。有时，我们自认为了解所谈论的内容，然而实际上却相去甚远。[1]

唯一一个我想要在这里讨论的词语定义是人工智能。因为现如今，人工智能正发挥着不可替代的作用，而我们的社会也

---

[1] Initiative D21 (2019): D21 Digital Index 2018/2019. Jährliches Lagebild zur Digitalen Gesellschaft, https://initiatived21.de/app/uploads/2019/01/d21_index2018_2019.pdf, S. 36.

因此经历着快速的、肉眼可见的变化。"人工智能"一词中的关键在于"智能"。"智能"意味着理解、认识或能够在两个选项之间做出选择。人工智能以人类为模板并认真模仿人类的一切。

信息提示

人工智能（AI）

所谓人工智能，是指人类的特征被转移到了机器之上，使得计算机具备执行只有人类才能完成的任务的能力——有时甚至完成得比人类更好。其关键就在于学习能力。"在人工智能研究之初，自主学习系统就被定义为一种最基本的认知能力。然而，人们始终很难最终确定，'智能'究竟是什么。随着技术的进步，人们对人工智能的理解也在不断发展。"[1]

如今，许多智能机器已经被训练得比我们人类更加优秀。其实这并不奇怪，因为人类往往需要数年的时间来掌握新的知识和技能。毕竟，我们无法将全部的时间与精力放在学习上。我们需要吃饭、睡觉和解决我们的基本需求，然而机器不需要在意这些。它们可以全天候地获取数据，并在最新的自主学习程序的帮助下独立搜寻这些数据。人工智能可以不断探索研究它们所处的环境并从中学习。在这种方式下，大量的数据能够被分析利用。其数据规模是基于数量众多、种类繁多、来源丰富的数据形成的。而我们每天都会生产大量的数据，简单举例

---

[1] Vgl. https://www.wissenschaftsjahr.de/2019/uebergreifendeinformationen/glossar/.

来说，比如我们在互联网上查询资料、购物、操作导航系统或通过网络平台进行通信等。

这就涉及如何确保数据处理的安全性问题。我们的隐私真的是私密的吗？如果黑客可以侵入被层层保卫的大型公司，那么我们的数据还真的安全吗？还是它们实际上很容易被专家或黑客攻破？你认为面部识别系统的背后隐藏着什么？当你询问 Siri 和 Co. 时，你的不同面部表情及相关情绪是被以何种方式存入系统的？如果你打开了定位服务，或者你的计步器和健身服务时刻处于开启状态，你的生活是否被全方位监控？你在 Meta（曾用名：Facebook）和 Instagram 上发布的帖子是否安全？色拉布（Snapchat）上被删除的信息究竟去了哪里？你是否会和你最好的朋友或伴侣分享你在社交媒体上发布的所有信息——包括你的银行账号和护照号码？

一般来说，人工智能只能被应用于其被开发和编程的领域本身。[1] 象棋计算机无法研究和发布天气预报，导航系统无法控制炉灶的开关，至少从目前看来还不可以。尽管人工智能的跨领域应用变得日益顺畅，并且发展得远比人类所想象的更加迅速。

我会在下一章节进一步描述关于数字世界的丰富多彩，以说明数字化发展理论上是没有边界的。那些在昨天仍是全新的东西，今天可能会变得习以为常，而到了明天则成为完全过时的产品。

---

[1] Vgl. Forscher, das Magazin für Neugierige, Wissenschaftsjahr 2019 – künstliche Intelligenz, Ausgabe 1/2019.

4.3 机器人统治的世界

过去在科幻小说里出现的东西,如今在许多领域已经变成了现实。通过以下段落,我将向你介绍一些有趣、发人深省和鼓舞人心的例子。

图 4-1 机器人统治的世界

教育领域的机器人应用

正如书籍印刷改变了知识社会的发展方向一样,人工智能正迅速改变着我们整个社会。一些工作岗位会因为人工智能技术的发展而消失,同时也会有新的职业诞生。如今,学习不再仅仅通过实地授课或阅读学习来进行,而是越来越多地借助诸如应用程序(APP)、虚拟现实(VR)或YouTube教程等手段来实现。课程设置可以作为电子学习程序的一部分而独立实施。新型教育服务不断涌现,它们可以传授知识、收集和评估数据,进而促进人工智能的进一步发展。

此外,机器人也得到了越来越广泛的应用:"在东京的一所小学里,作为机器人的Nao[……]除了可以在书法课上提供辅助,还是一个出色的心算专家。同时,这个不足60厘米高的塑料机器人还可以教授体育[……]。凭借灵活的身体、超灵敏的双手、点缀着一双大眼睛的可爱脑袋,这个人类一般的机器人助手Nao已经征服了日本的教育体系。这个由白色塑料制成的小人会说25种语言,同时还在东京大学担任助教一职,在那里它负责在讲座中操作实验。"[1]

与此同时,还有一些机器人方面的最新发展。

以上内容表明,教育领域的发展已经取得了长足进步,而机器人也可以被灵活运用以适应年轻人的不同需求和个性化提

---

[1] Lill, Felix: Der bessere Lehrer, in: https://www.zeit.de/2015/37/roboter-lehrer-schulen-japan, 10.09.2015.

问。机器人研发工作正在如火如荼地进行。

交通运输领域的机器人应用

如果你在互联网上输入关键词"未来的交通工具",你会看到许多不同的场景。蒸汽时代的人们无法想象何为自动驾驶。遥控空中巴士?不可能吗?2019年9月,人们在斯图加特完成了自动驾驶空中巴士的第一次测试。在热情观众的见证下,该设备在空中沿轨道飞行了大约30米。这些被称为Volocopter的空中巴士能够避免堵车而直达机场。它们不仅可以减轻道路负担,还可以让人们更快地到达目的地,环保且适应人们的需求。这些空中巴士由电力驱动,看起来像是直升机和无人机的混合体。①科技发展的脚步已不可阻止,一切只是时间问题。

服务机器人

在日本,机器人已涉猎餐饮服务行业领域有一段时间了。在东京,一些服务机器人在咖啡馆中进行了测试,可以重点为有特殊需求的客人提供服务。"由10位带有不同程度身体残疾的人交替控制3个服务机器人。"人们坐在家里,使用平板电脑或个人计算机远程操作机器人。这些大约1米高的OriHime-D机器人配备了摄像头和麦克风,以方便操作者与客人进行实时

---

① Vgl. https://www.stuttgarter-zeitung.de/inhalt.volocopter-flugtaxihebt-ueber-stuttgart-ab.3cbaa636-a82d-4704-b461-2ee7a7964c59.html.

交流。"使用这些机器人的目的是让一些身体残疾甚至严重残疾的人参与到正常的工作生活中。"[①] 另一个突出的例子是几年前在旧金山,服务机器人可以制作出汉堡和薯条。"在过去的几个月里,旧金山市中心新开了3家自称来自未来的商店。它们的出现一时间引起了人们的恐慌,人们担心这将是一个没有人类的、沉默的未来。这3家店分别为:一家名为Creator的汉堡餐厅,一家名为Café X的咖啡馆以及Amazon Go——这是亚马逊在过去两年内开设的10家超市之一。这3家商铺的共同之处和它们所引进的未来元素在于:它们正在用机器人取代人类员工。"[②]

不仅餐厅,机场和火车站的运营商也正在全力开发服务机器人。目前,德国铁路正与德国机场共同测试名为FRAnny的机器人。[③] FRAnny能够为旅客提供数字化客户服务,包括行程信息以及小型对话:服务语言为德语、英语以及其他7种语言。这种机器人被归类为社交型智能助手。每位旅客都会发现,人工服务人员已经大幅减少,尤其在行李托运和信息问询环节。

休闲领域的数字化发展

数字化同样改变着文化领域,而不再仅仅只是通过线上订票的方式。现在,在东京的机器人餐厅中每天都上演着令人

① Vgl. https://sumikai.com/nachrichten-aus-japan/lifestyle/cafein-tokyo-nutzt-von-behinderten-gesteuerte-avatar-roboter-als-kellner-236049/.

② Vgl. https://www.sueddeutsche.de/wirtschaft/roboter-cafe-supermarkt-san-francisco-1.4379031.

③ Vgl. https://www.deutschebahn.com/de/konzern/im_blickpunkt/Eisenbahner-mit-Herz-4068958.

疯狂的歌舞表演，只有提前预订才有机会观看。而在世界范围内，以最新机器人为特色的娱乐节目正大放异彩。由日本科学家开发的"Alter 3"节拍机器人在德国成功指挥了一支管弦乐队的演出。在纽约，伦敦佳士得拍卖行以38万欧元的价格拍出了一幅名为"爱德蒙–贝拉米肖像（Portrait of Edmond de Belamy）"的画作，而这幅画是由人工智能创作的。

同时，体育领域也出现了许多创新发展。每年春季在阿拉伯联合酋长国举行的骆驼赛跑节[①]中，人们可以看到一场别开生面的表演。节日中一项盛大而重要的活动需要将人和动物当作供人消遣的工具。尽管人们出于多种原因而对此持不同态度，但这项活动一直保留至今。骆驼是为进行骆驼赛跑而专门饲养的，而几十年来，来自贫困家庭的儿童或者来自巴基斯坦和孟加拉国的廉价劳动力则被作为骆驼骑手参加比赛，重伤和致命事故在比赛中屡见不鲜。而现在，这些骑手可以被一些固定在骆驼背上的轻如鸿毛的机器人所取代，从而进行比赛。人们可以远程遥控这些机器人挥舞着鞭子将骆驼赶到终点，而不再需要人类参与这项危险活动。

在2018年韩国冬季奥运会期间，有一场为滑雪机器人举办的比赛。这场名为"滑雪机器人挑战赛"的障碍滑雪比赛从速度、自动驾驶和机动性上对参赛机器人进行了评比。

[①] Vgl. https://www.youtube.com/watch?v=I2CM2OAX62c.

阿特拉斯（Atlas）和索菲亚（Sophia）

诸如阿特拉斯和索菲亚这样的机器人让我们看到了一个越来越让人想起科幻小说的世界，同时也引发了人们一定程度的恐慌。尤其是自主学习系统让我们看到了其广阔的发展前景，以及数字化发展的广泛性和全面性。阿特拉斯和索菲亚仅是众多例子中的两个。

索菲亚"是一个可以进行复杂对话的世界明星"，并且"曾经和安格拉·默克尔握手"。"此外，索菲亚已经登上了 Vogue 杂志封面并曾在联合国发表演讲。"[1] 波士顿动力公司的人形机器人阿特拉斯的设计理念是作为灾难行动的拯救者。[2] 上述有关机器人的各种场景仅仅是当今和未来现实的一小部分。例如，未来会出现利用 3D 打印器官进行治疗的智能诊所，以及新型生产和物流技术等。

在对这本书进行调研的过程中，我对一些问题感到十分不适。美好的未来与科幻小说之间的距离并不遥远，可这些发展真的是对我们人类有益的吗？还是它们或许正不断扩大对我们这个脆弱世界的威胁？气候变化、全球水资源分配问题、战争、贫困以及流行病威胁难道还不足以构成 21 世纪人类的主要挑战吗？还是说，数字化可以帮助我们应对这些挑战？或许不止

---

[1] Vgl. https://de.wikipedia.org/wiki/Sophia_(Roboter)
[2] Vgl. https://de.wikipedia.org/wiki/Atlas_(Roboter).

我一个人这样希望,革命性发展手段可以掌握在合适的人手中,以确保长久、持续性地发展,但不会像今天这样威胁着世界和平和自然和谐,而是被用来实现未来的积极发展。

或许未来数字化的力量会超出我们的想象,让我们感到不安甚至害怕。有时候,选择对现实视而不见或许更加容易。然而不幸的是,如果我们想要努力探寻自己的持续性发展能力,忽视将无济于事。作为自己的主宰,我们必须直面这些问题,并在可能的情况下承担责任。

4.4 数字化与每个人息息相关

正如上述例子所展示的那般,数字化不局限于个别领域。无论你从事汽车制造行业、医药行业、旅游行业、基础教育行业还是零售行业,发展无处不在,数字化也在不断前行。译者、语言服务者、出租车司机、厨师、销售员、教师以及医生,每一种职业都会受到影响。每个人都会切身感受到数字化带来的变化,通过我们的信息获取、交流以及消费方式。简而言之,我们的生活方式,一切都处于发展变化之中。

如果每个人都置身其中,那么意味着数字化正影响着我们整个社会。因此,各种利益团体、企业以及政府发起各项研究,试图得出关于数字化发展的最新概况也就不足为奇了。D21 倡议[1] 由德国联邦经济事务和能源部联合德国安联公司、Barmer 保险公司、富士通公司以及德国贝特尔斯曼基金会等合作伙伴共同发起，并得出结论称，数字化已经成为当今社会的主题。

结果显示，越来越多的人将数字化产品视作生活中的必需品。这是理所当然的。如今，84%的民众在使用线上网络平台。人们必须看到这样的事实，因为网络平台适用于所有世代。在这项研究中，14周岁以上的年轻人也被考虑在内。请试想一下地铁里、小学里以及操场上的场景，许多年幼的小孩都活跃于各种网络平台。不仅是对14周岁以上的青少年，智能手机已经成为每个人生活中不可或缺的一部分。这不仅适用于那些在数字世界中长大的"数字化原住民"，同样也适用于那些在成年后才进入数字世界的"数字化移民"。代与代之间的界限正在变得模糊，因为老一辈人正迎头赶上。当然他们进步的程度有所不同，但至少80%的60~69岁的人以及45%的70岁以上的人都在进行线上操作。也就是说，几乎70岁以下的每个人以及一半的70岁以上的人都是如此。他们在计算机面前熟练操作，可以通过智能手机进行网上购物或在线银行交易。几乎没有其他的可能了。这样的数字着实令我印象深刻。

毫无疑问，我们正在讨论一个大的趋势，一个不可或缺的趋势。而幸运的是，我们中的大多数人都意识到了这一点。

---

[1] Initiative D21 (2019): D21 Digital Index 2018/2019. Jährliches Lagebild zur Digitalen Gesellschaft, https://initiatived21.de/app/uploads/2019/01/d21_index2018_2019.pdf.

4 数字化

在下方引用的大规模研究报告中，列举了用以确定德国社会数字化程度的数字化指数。分别为以下四个方面的决定性指数。

表 4-1 数字化指数 2018—2019

数字化 入口	在数字世界中的 使用行为	数字化 能力	对数字化的 开放度
◆ 对互联网的应用（职业领域/私人领域，普通终端/移动终端）	◆ 公众普遍使用的数字化手段	◆ 对数字化知识的了解（如："云""电子健康"等概念）	◆ 对互联网应用、数字化设备以及数字世界变化的理解
◆ 机器设备	◆ 平均网络使用时间	◆ 技术能力和数字化能力	
72	39	49	52

数字化指数（满分100分）

注：该指数通过选取社会平均值，显示整体德国社会与数字化发展的同步水平。
来源：D21 倡议（2019）：D21 数字化指数（2018—2019），年度数字化社会态势图，https://initiatived21.de/app/uploads/2019/01/d21_index2018_2019.pdf，11 页。

该指数一方面结合个人情况，即访问入口及终端设备的情况，一方面将个人使用行为考虑在内。此外，该指数还包括另外两个领域：技术能力和数字化能力，即处理人工智能、程序应用及编程的能力。最后一个影响因素是对数字化的开放度，即个人对数字化的理解及思维模式类型。德国的数字化指数为55 分（满分 100 分）。该研究从用户角度做出了以下明确区分：数字化边缘者（40 分以下），数字化跟随者（40~70 分）以及数字化先驱（70 分以上）。

对就业市场的影响

正如前文所提到的,许多研究预测,未来将有数百万工作岗位消失,也就是那些可以直接被机器所取代的工作岗位。还有一些行业,如汽车制造业等,将会迎来彻底的重组改造。许多经济主体、研究机构及未来机构表示,尽管一些流水作业会采用自动化生产,但并不是所有岗位都将实现自动化。[1] 研究还表明,医疗、教育等那些直接与人相关的领域不会受到很大影响。究竟未来对人、人性以及关系构建的需求有多大,目前仍不得而知,我们只能进行有限的预测。但可以肯定的是,所有的研究者和科学家都达成了共识,技术变革和相关经济结构的变化将会对工作岗位及职业类型带来明确影响。

因此,你应该反问自己:要如何适应数字化的变化趋势?你是属于数字化边缘者、数字化跟随者还是数字化先驱?更重要的是:在自己的生活环境中,你想要并且必须处于什么位置?在 22 岁或是 60 岁的时候读到这本书,对你的意义将完全不同。但有一点对每个人来说都是一样的:成为数字化边缘者对提高职业满意度和就业能力没有任何好处。

在和雅思敏制定她的学习策略之前,我们曾一同做了以下练习(参见第 2 章:终身学习),以下为雅思敏的练习结果:

---

[1] Leitl, Michael: Die neue Freiheit, in: Harvard Business Manager Special, 2018, S. 61–67, https://www.harvardbusinessmanager. de/sonderheft/d-154413514.html.

练习

对数字化思维模式和数字化能力的反思

通过以下练习，你能够测试出自己对数字化的开放程度，即对互联网应用、数字化设备以及数字世界变化的理解。

> 对数字化的
> 开放度
>
> ◆ 对互联网应用、数字化设备以及数字世界变化的理解

第一步：你对数字化的开放程度如何？请在下方 1~10 的刻度表上标出你的自我估值。

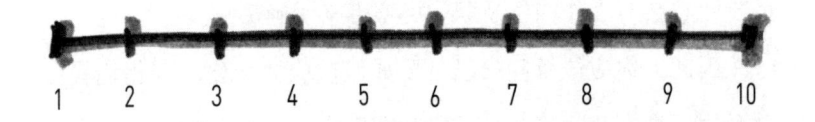

1　2　3　4　5　6　7　8　9　10

第二步：你认为未来需要在哪些方面提高个人开放度？这将为你带来哪些新的可能？

第三步：收集一些想法和动机以获得更高的开放度。为自己设定开始计划的第一小步，以提高自己在刻度表上的分值。如果你已经处于 10 分的位置，那么你可以问问自己，要如何保持这样的状态？

另一个方面是关于你的数字化能力，即你在数字化领域的相关知识及行为能力。

数字化能力

◆ 对数字化知识的了解（如："云""电子健康"等概念）

◆ 技术能力和数字化能力

第一步：你对数字化内容了解多少？你的数字化能力如何？请在下方 1~10 的刻度表上标出你的自我估值，为方便区分建议使用两种不同颜色标明。

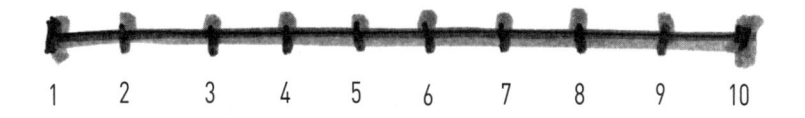

1　2　3　4　5　6　7　8　9　10

第二步：什么是真正与你的未来息息相关的？请对你当前工作和行业领域的潜在变化进行调研。哪些是令你感兴趣的职业领域？请在这里列举出你的调研结果。

哪些领域需要你掌握更多数字化方面的基础知识或专业知识?

_____

_____

哪些数字化能力对于提高未来你在就业市场上的竞争力是有帮助的(或者完全必备的)?如果你还想到了其他必备技能,也请在这里记录下来。

_____

_____

第三步:请在数字化知识和数字化能力领域中至少选择一个你想努力攻克的小的方面,以提高自己在刻度表上的分值。

_____

_____

你是否已经具备了开展下一步计划的所有必备技术支持?如果没有,谁能给你提供帮助?为了积极开始行动,你还需要做些什么?请在这里写下并寻找你的支持者。事实上,有很多选项供你选择。

_____

_____

- -

你也可以在进行上述练习的过程中使用其他的信息平台和人脉关系。也许你的邻居认识一位擅长解释分析相关内容的专业人士，或者你的女儿知道 YouTube 平台上最好的解说视频频道。你的老板或许有一些好的主意，或者你在足球队的朋友也和你有着同样的话题。越坦诚地参与到谈话中并尝试提高自己的开放度和数字化能力，一切就会变得越简单。正所谓独乐乐不如众乐乐，或许你还能在这个过程中找到盟友。

以雅思敏的结果为例，首先，我们来看一下她的数字化开放度。

第一步：

1　2　3　4　5　6　7　8　9　10

第二步："到目前为止，我一直在避免真正学习新的 SAP 程序，而是选择躲在我的同事身后。但从现在开始，我想以一种现代化的方式积极参与工作。我曾经以为逃避没什么不好，因为这样会让我感到十分舒适。但是我知道，这其实是在自欺欺人。"

第三步："我首先通过互联网简单了解了新程序的可能性和优势，并麻烦我的同事对程序中的各种模块进行了大致介绍。这些在一定程度上改变了我的认知，而这是我迈出的第一步。

4 数字化　97

此外，我还可以翻阅在线词汇表，这样我就不会在遇到一些陌生术语的时候感到十分挫败。"

雅思敏在数字化能力方面的得分如下：

第一步：

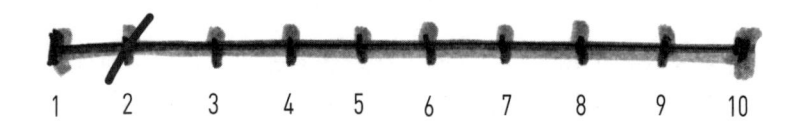

1　2　3　4　5　6　7　8　9　10

"通过在刻度表上给自己打分让我意识到，其实我完全不了解自己。我想要改变现状。我要学习从大数据到区块链等一系列术语，或许还会寻求朋友以及他们十几岁孩子的解释说明，这对我来说真的很难以启齿。因为我在日常使用手机、导航、计算机等方面的技能并未如此糟糕。我能够熟练运用普通的应用程序并自学新的东西。但当我完全无法掌握一些知识的时候，我会开始害怕失败。因此，我必须直面 SAP 程序带给我的困境。我不能让情况变得更糟。"

第二步："所有的技术都是相通的。我在办公桌前参与大型项目工作，所有的一切都是数字化的。在查看网上招聘信息时，我发现到处都需要更多的程序知识。天啊！无论在任何一家企业或组织。是啊，未来我还有很长的路要走，而且我还想在创意图像编辑程序方面更有作为。这是一个很受欢迎的行业，而我也十分喜欢它。我还可以将它应用于报告演示，或许我可以用这方面知识建立我的领先优势。谁又知道，未来它还能带来哪些好处呢？"

第三步："按照第一步中的计划，我将记录不理解的术语列表，以逐步积累知识。每周我将对至少两个新术语进行粗略分类。学习过程中我并不追求获取专业知识，而只是粗略了解。这是我必须完成的任务。我会在备忘录中进行记录，以确保我不会在日常生活中把它忘记。就能力发展而言，下周我将开始学习公司的应用程序，而在下次的辅导课程中，或许我们就可以就我的具体执行情况进行讨论。"

并不是只有雅思敏面临这样的问题。以一位幼师的经历为例，他意识到数字化教育必须从幼儿园开始，并思考应如何构建自己的专业知识并将其与教学法相结合。书商需要考虑的是，数字化发展已经超出电子书多远的距离，以及在他的职业领域中，数字化将会为阅读习惯和订购系统的变化带来多大影响。机械工程师可以确定，目前社会对机器人技术的需求与日俱增。而以下问题同样适用于他们：如何进一步培养个人的专业能力，或者如何在新的环境中充分利用以前的知识？护士、高级经理以及外科医生都需要考虑这些问题，没有任何专业领域不在此列。

通过完成上述思维过程和相关调研，你会很快明白，自己该做些什么。首先要关注的是要做的内容本身。当你知道自己想要或必须做些什么时，就需要考虑做的方法。因为如果你同时考虑内容和方法，就会有 1000 个理由阻止你采取行动。因为，如何学习是一个动机问题。很多人都会像雅思敏一样，即使你知道要做的事情是什么，但有时会觉得面前好像有一座大山在阻挡自己前行。因此，以循序渐进的方式翻越整座大山是对你所要做的事情十分有帮助的。并且不要忘记，对很多人来说，独自登山并不是一个好的选择。寻找积极的支持者、陪练伙伴或者志同道合的人也会对你有所助益。

作为小结，我们可以明确：灵活的思维模式和数字化能力是我们应对不断变化的客观环境的基础。这样我们就可以成为社会发展的一部分，并积极塑造自己未来的人生和保持职业竞争力。当然，这并不意味着我们要认可数字化带来的一切。毫无疑问，在数字化背景下，仍有许多事情可以并且应该受到严格的审查和质疑。

5 新型工作和敏捷

> "在变化时代的最大危险是依旧按照昨天的逻辑行事。"
>
> 彼得·德鲁克（Peter Drukcer），
> 奥地利现代管理学之父，1909—2005

名言警句

新型职场的基本组成部分：新型工作和敏捷

也就是说

- 简而言之：敏捷和新型工作
- 乐于接受新的工作
- 如何实现更好的相互配合
- "远离……"和"走向……"
- 给你的建议

请记住

5.1 迈入新型职场

通过上一章节，我们了解到，我们所处的世界并不是一成不变的，它正以难以想象的速度加速运转着。在世界范围内，每个个体以及所有的职场环境都处于这样的影响之下。毫无疑问，新的术语和方法正在取代旧的知识和体系，其中一个不可或缺的关键词是"敏捷"。万事万物以及每一个人都应该保持敏捷。难道不是吗？"敏捷"在《杜登词典》中的解释为："表现出极大的可动性；活跃且随机应变的。"就是不死板也不迟缓。现如今，又有谁希望被看作僵化、迟缓或不灵活的呢？

信息提示

敏捷

"敏捷"一词的首要含义在于灵活性，即"人或组织对变化做出快速且有效反应的能力。敏捷作为管理和组织原则的基本概念由来已久。回顾这一概念的长远历史，其前身可以追溯到 20 世纪 50 年代。现如今，敏捷项目管理方式正受到全社会的推崇，而不仅限于最初因推广灵活的流程模型而使其流行起来的 IT 行业。"[①]

---

① Vgl. https://www.haufe.de/thema/agilitaet/.

无论在实体店还是在网上购物，作为消费者的我们都希望企业能够尽快响应我们的需求并迅速做出反应。我们追求最新、技术最先进的产品，最恰当的例子就是手机或平板电脑等移动设备。通过对儿童和青少年的观察，我们发现：产品的更新迭代从不曾停歇。网上购物时，我们活跃于互联网络，搜索、比价、订购商品和服务，并对超过三天还没有送货上门的情况感到惊讶。遇到任何问题，我们都希望能够立刻得到答复。如果我们对某样东西不甚喜欢或不甚满意，我们会直接将其寄回进行退换货。以顾客为导向是我们毫不妥协的基本原则。

而这正是企业任务之所在：尽可能提前了解客户及其愿望，并相应地调整企业和企业产品。毫无疑问，依靠实体店铺销售的传统经销方式已不再有效。因为曾经的产品开发过程是逐步进行的，按照固定的流程顺序，从构思到计划，到生产，再到销售，而这正是与敏捷方法完全相反的。这样的方法已不再适用于今天的任何领域。如果一切都按部就班地逐步推进，直到产品生产完成才检测顾客是否具备购买该产品的热情，那么销售效果和所花费的时间都将不尽如人意。如果产品并没有得到客户的喜爱，就需要再次对产品进行修改，以期在市场上取得成功，而这将花费大量的时间和金钱。现如今，技术发展速度飞快。网络的透明使得顾客可以在互联网上直接对产品进行比较，并迅速更换商品供应商。如果企业的反应速度过慢，就会有其他竞争者迅速上前填补空白。

总而言之，现在，许多企业需要更快、更贴近地了解顾客和顾客需求，顾客应该从一开始就参与到产品的开发过程中来。通过这种方式，新创意的适销性能够及时得到测试。企业也能更快决定是否进一步开发相应创意并投入资金，或是选择其他主题继续发展。

而这正是敏捷方法的用途之所在。诚然，敏捷不是万能的，也并不适用于所有行业和所有产品，但它是应对数字化快速发展和社会变革的有效方法。

5.2 敏捷方法

接下来，我将简要介绍三种敏捷方法（设计思维、Scrum敏捷框架、精益茶会）[①]，而我并不打算将本章节作为介绍敏捷的专门章节。如有需要，你可以找到无数针对敏捷主题和问题的专业书籍、建议和培训课程，并准确获取与你相关的内容。

并非所有方法对每个行业的每名专业人士都同等重要。无论你从事医药行业、旅游业，还是就职于大型公司、初创企业的营销部门、个体经营者、手工艺行业，或是像我一样作为教练和培训师，情况都会有所不同。但所有行业的共通之处在于，

---

① Bei der Darstellung der Methoden folge ich im Wesentlichen:https://www.berlinerteam.de/magazin/ueberblick-agile-methoden-design-thinking-design-sprint-lean-startup-scrum/.

提高自己与时俱进的意识和能力,即找出自身职业和工作中能够帮助你努力奋进并塑造未来的、你所在的组织或公司所需要的适应未来的东西,以及你能够为此作出的贡献。

新的概念并不意味着一切都是新的。事实上,许多方法已经存在很长时间了。很多人可能会因此产生这样的印象:这就好像把旧酒装在新瓶里,再将其当作革命性的创新加以销售,换汤不换药。然而,我想要强调的其实是一种对工作和职场的不同的、全新的态度。变化给每个人提供了新的前进机会,而人们也应对其满怀好奇和憧憬。

设计思维

设计思维是一种需要动用大量创造潜力的方法,它需要被应用于产品和服务开发之初。该方法的目的是在跨学科团队中尽可能多地开发杰出创意,尤其是在尚不清楚实际开发目标的时候。在创意开发的多个阶段中,整个团队会生成和放弃很多想法。其基础是极大的开放性。为尽可能获取解决方案,开发团队会主动询问顾客的需求、观察他们的反应并及时对顾客问询做出反馈。创造力、疯狂的想法和冲动会在产品更新迭代的过程中不断形成并最终以具体产品或服务理念的形式呈现。由于这是一个由多个阶段构成的整体流程,自然也会经历几天或几个月的时间。

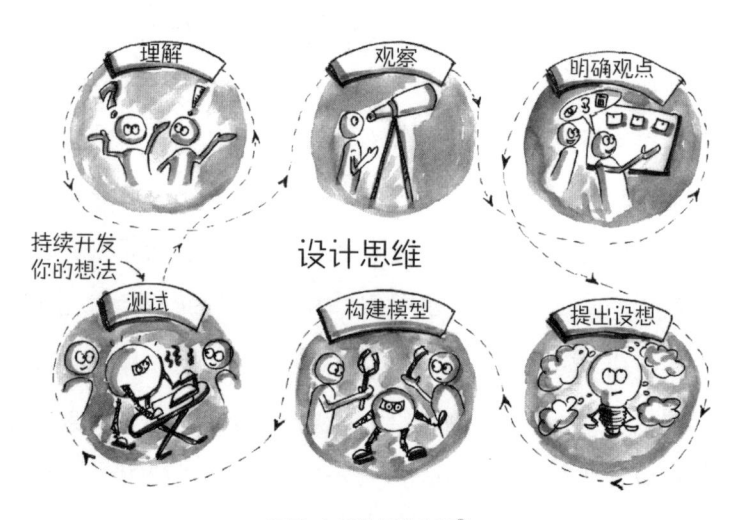

图 5-1 设计思维步骤[1]

Scrum 敏捷框架

在完成对需要开发产品的基本构思后，就可以引入 Scrum 敏捷框架。"Scrum 所基于的理念，从烹饪的角度来讲，就是小口吃比大口吃更容易消化。这就是为什么我们会在开动之前先将牛排切成方便入口的小块。应用于软件开发领域，这意味着：在开发大型项目的过程中设置多个里程碑是很有必要的。这样我们就可以从最重要的部分开始着手，然后再处理其他次要部分。"[2] 固定的规则设置和明确的角色定义可以确保不同步骤

---

[1] Illustration in Anlehnung an: Konstanze Wilschewski / HECI GmbH. Vgl. https://www.informatik-aktuell.de/managementund-recht/projektmanagement/design-thinking-its-a-kind-ofmagic.html.

[2] Vgl. https://scrum-master.de/Was_ist_Scrum/Grundidee_Entwickeln_in_Inkrementen.

的同步推进。这样一来，开发团队内部的产品开发和对客户的需求调整都可以在短期内完成。此外，个人工作质量和团队协同配合都能得到定期反馈和调整。

精益茶会

精益茶会可以通过公告、内网或互联网通知的形式发出邀请，任何有兴趣的人都可以参加。其目标是在一个小型、可控的框架内进行自愿、开放的交流和简单、互助的知识转移。

无须提前设置计划议程，所有参与者会在茶会开始之初介绍与自己相关并希望得到大家帮助的议题。在讨论开始之前，大家会划定话题范围并对优先度进行排序。一般来说，精益茶会的时间不超过两个小时。过程中可以采用一个简易看板作为辅助工具，以作为讨论话题的结构示意和展示工具（如活动挂图或白板）。

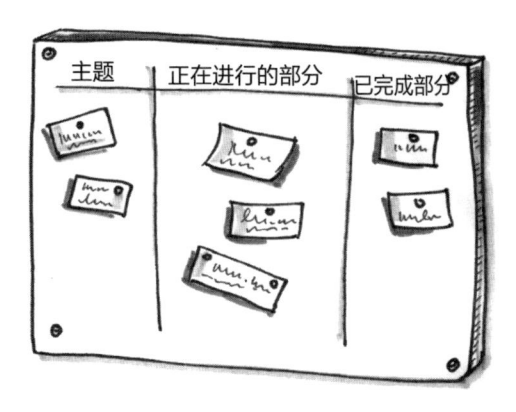

图 5-2 简易看板

5.3 敏捷人才

除方法之外，还有人的因素存在。上述每种方法都需要个人和团队进行反思。无论最终采用的方法是什么，其重点都在于人和团队的敏捷。从过去到现在，再到未来，这都不是一个简单的事情。

为了能够以敏捷的方式开展工作，团队协作的方式也必须改变。人们需要重新思考并认识到，为什么以及什么时候使用新的方法和以新的方式理解团队是有效且有益的。每个人都必须参与进来，并形成真正的团队精神。

等级和职位观念已经过时

敏捷方法已不适配于过去的组织结构。在敏捷系统中，扁平化管理对实行上述新型工作方法是很有必要的。人们希望扁平化管理和简化的管理级别能够使沟通渠道更加顺畅。扁平化结构在确保速度和更大灵活性的同时，还使纯粹的顾客导向成为可能。同时，它还要求曾经处于等级结构顶端的人重新调整自身定位，以及那些习惯于固守在等级末端的人重新学习。上述表述毫无疑问地大大简化了扁平化管理的内涵定义，但其核心内容在于让更多领导下放职责，同时让员工承担更多的责任。而对所有人而言，这意味着更多的自我管理和主动的担当。对许多人来说，扁平化结构意味着告别职位观念并重新思考传统意义上的职业发展。过去，成功的职业发展主要与晋升、薪水和职权有关。更高、更快、更好，是几十年来衡量一切的标准。即使是现在，过去人们对职业发展和成功模式的认知仍发挥着很大作用。所以，是时候去面对未知事物，并为自己和企业寻求新的发展概念和定义了。

团队协作

正如设计思维所描述的那样，敏捷方法的目标还在于提高整体的创造潜力。因此，真正的合作和良好的团队协作是现在的重点。因为当跨学科团队聚集在一起，将不同学科和文化的想法和知识汇聚起来时，可以开发出一个寻求解决方案的更开阔视野。为使其发挥功效，这些团队最好能被赋予高度的创作空间和自由。而这些团队所需要的，是将其与相关领域以及客户之间的沟通透明化，以使顾客能够较早地参与到产品的开发过程中。分步实施和反馈循环能够确保尽早尽快地考虑到可能发生的变化。例如，如果要开发一款由回收材料制成的、具备全新数字功能的多功能创新背包，则应尽快构建模型并对其进行实用性检测。顾客能够尽早参与进来，以使他们的反馈能在产品开发之初和整个过程中发挥功效，而不仅在末端。否则，就需要再次经历倒退、修改、重新构思、调整这样的循环。在必要的时候，让调整方案、新的措施和多样化想法直接参与到产品开发的流程之中，就能使产品和服务从根本上迎合客户和市场需求。在敏捷系统中，顾客导向是第一原则，因为它能将每一个产品开发参与者的风险降到最低。外在变化、永久性变革和 VUCA 世界[①] 的快速运转都能被尽可能地计算在内。

5.4 新型工作

信息提示

新型工作

"美籍社会哲学家弗里斯约夫·伯格曼（Frithjof Bergmann）最先提出了'新型工作（New Work）'一词。他想要通过这种新的工作形式替代曾经资本主义框架下的传统工作形式。随着职场环境的变化，人们将有机会摆脱雇佣劳动的束缚。他将新型工作的价值观定义为：独立、自由并参与集体。"[②] 在 2019 年接受的一次采访中，伯格曼表示，他也十分惊讶自己这篇论文的热门程度。[③]

[①] VUCA 是英语单词 Volatility（易变性）、Uncertainty（不确定性）、Complexity（复杂性）和 Ambiguity（模糊性）的缩写。
[②] Warkentin, Nils: https://karrierebibel.de/new-work/.
[③] Vgl. https://www.handelsblatt.com/unternehmen/management/interview-mit-frithjof-bergmann-warum-new-work-in-deutschen-unternehmen-nicht-richtig-umgesetzt-wird/24899568.html?ticket=ST-38864811-j6WMQ9SAxqbZBslINa4I-ap4.

新型工作理念将工作的概念提升到一个新的水平。该理念代表一种与创新性思维意义相似的转变。新型工作的核心是员工和员工需求,以及灵活的思维方式和新的职场模式。它强调通过最大限度的行动和决定自由去完成有意义的工作,员工之间可以愉快而灵活地互相配合工作。此外,新型工作的另一个重要基石是人与人之间的信任以及真正的信任文化。

"我们经常认为自己可以完美地计划一切,而后就是按计划执行。面对复杂的事情,人们会产生一种错觉,即无法计划到最后一步。但是你可以激发自己的内在动力并邀请其他同事共同参与冒险。如果方向正确,且每个人都可以按照自己的意愿进行尝试和参与工作,那么结果将会不负所望。"[1] 凭借这一言论,新型工作领域的专家弗雷德里克·拉卢(Frédéric Laloux)向我们展示了一个能够更具创意、成效和动力去工作的、现在和未来的职场环境。成功的企业会要求并提倡整体主义、目标导向和自我管理。

在巴厘岛的吊床上

新型工作还为个人潜力的开发提供了无限可能和人生意义。以近年来十分流行的联合办公模式为例,弗劳恩霍夫研究

---

[1] Frédéric Laloux; Interview in Spiegel online, https://www.spiegel.de/karriere/new-work-experte-frederic-laloux-was-chefs-vonoben-entscheiden-bewirkt-oft-wenig-a-1256765.html.

所将"联合办公"定义为一种灵活的工作形式,即相互独立的知识工作者可以在一个共同的、制度化的场所进行办公。[①]

如果你在谷歌上搜索"巴厘岛"和"联合办公空间",你会发现大量的匹配结果,这说明这种形式的个人工作和松散网络已经在这个世界上最美丽的地方成为现实。现代化的联合办公空间和无数配备了高速互联网络的休闲咖啡馆让工作成了一种乐趣。所谓的数字化游牧者在全世界不同地方组建了自己的社区,而不再仅仅通过腋下夹着冲浪板的形式相互联结。无论网络平台、在线商店、平面设计还是计算编程,多样化的服务形式使工作不再受到时间和地点的限制。如果你是一位个体经营者并有机会尝试以上的所有服务,或者你有一位灵活的雇主,那么这一切将变得更加容易。即使你正在寻找全新的、个性化解决方案,上述的新型工作方式也可以为你带来前所未有的发现。要做到这一点,你必须努力探索、展开对话,积极寻找个性化的新型解决方案。

一些企业也开始租用楼层空间来打造联合办公场所,员工可以申请休假并选择在世界的其他地点发散思维。初创企业和大型公司之间的合作可以迸发出新的火花,类似创新实验室或孵化计划。创造性和轻松的工作方式得到了提倡。许多公司已经在办公区域设置了吊床和休闲座椅。桌上足球和休闲区域几

[①] Bauer, Wilhelm / Stiefel, Klaus Peter: Coworking – Innovationstreiber für Unternehmen, Stuttgart: Fraunhofer Verlag, 2017.

乎成了办公楼层的基本配置。在这个过程中，企业不仅改造了工作环境，还营造了生活氛围。美丽宜人的环境和轻松的人文氛围从此进入了办公场所。毫无疑问，这样的变化是令人欣喜的。

当然也有人持批评意见：新型办公设备、水果篮和共同瑜伽课程对改变员工看待和对待工作的方式并没有帮助。员工并不能借此实现他们真正想做的事情，工作成了一种空想。面对这种情况，美好的外在往往是不够的。换句话说，那些号称具备新型工作形式的地方并不一定具备真正的新型工作本质，因为新型工作的本质是一种全新的工作态度和认知。

个人的机会

你现在也许在想：这样的创新概念对别人来说或许是可能的，但对我来说并非如此。是的，你可能是对的，并非所有的公司都能让每个员工享受到这样难以想象的自由。但是，当你再次走入循环往复的工作周期，你会获得比你想象中更多的选择。现如今，你拥有比以往更多的打破自己固有轨道的机会。因为，你已经具备了勇于突破的乐观精神和勇气。没有人会阻止你去研究和观察，看看如今的世界究竟是怎样的，以及你个人还有什么可能的发展机会。

练习

迈向新型工作的第一步

◆ 大胆思考和想象——什么让你对新的工作世界感到兴奋和好奇?

_____

_____

◆ 有意识地跳出局限——你羡慕那些已经进入到新型工作的人吗?什么吸引你走向新型工作?

_____

_____

◆ 为了朝着这个方向努力,你今天已经可以迈出怎样的一小步?

_____

_____

通常来说,脱离惯性思维模式并探索新的机会是很有意义的。实习对年轻人来说是不是颇有帮助?是的。那为什么中年人不能参加实习呢?例如,2015 年的夏天我曾在芬兰参加伊拉斯谟实习。我工作和生活中的很多朋友都十分惊讶,我愿意在 40 多岁的时候仍进行这样的尝试。因为我的工作、家庭、孩子以及生活日常中已经充斥了太多事情。但我对此感到十分兴奋,我毫不怀疑这件事情的可行性，并从一开始就认为它很有意义。事实上，我们有很多机会去尝试新的事物，并享受当今职场环境带给我们的自由。

　　对我来说，这是一次不容错过的有趣经历，因为我能借此机会了解到芬兰人的工作和合作机制。尽管过程中工作量很大，但我仍感到十分轻松快意。人们可以积极地分享所知所得，例如在一个至少可容纳15人的浅绿色宽敞空间内；或者在单人房间内处理集中性工作，或利用公示板分享新想法和批评意见——这就是他们的工作日常。下午茶期间的制度化快速会议可用于交流意见——由此可见当时的工作形式已十分灵活。我的实习地点是芬兰的一家政府机构——萨洛市的经济发展局。萨洛市位于图尔库和赫尔辛基之间。实习过程中尤其吸引我的是真实融洽的集体生活，包括定期的集体休闲活动。我还被邀请同大家分享我的专业知识，所以在实习开始后不久，我就为企业家们作了一场关于旅游业的报告。为此，我在同事、朋友和家人中进行了一项小型问卷调查，并对其结果进行分析和汇报。融入并将自己视为集体的一部分，互相学习并交流想法：这就是我在实习过程中理解到和学习到的收获。我发觉，在芬兰的工作经历是有价值、独立、高敏捷且高度投入的，而这正是工作该有的正常状态。

　　以下内容总结了我在芬兰的实习经验所得——在我看来，它既符合了敏捷工作的原则，也体现了新型工作的需求和意义。

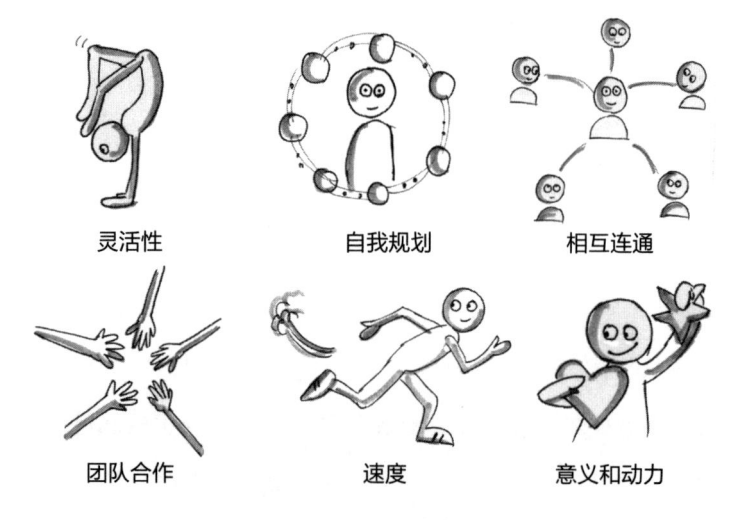

灵活性	自我规划	相互连通
团队合作	速度	意义和动力

图 5-3 对新型工作的个人印象

对新型职业领域的展望

◆ 在你的职业领域中涉及哪些新的工作方法和工作形式?

◆ 你如何让自己保持与时俱进?

◆ 重中之重:你对新型职业领域的态度是什么?

◆ 新事物有什么好处?未来,你将如何打开眼界,使自己成为新世界的一员?

5.5 团队协作新模式

我们如何以一种全新的、不同的方式开始工作？如果我们不在敏捷环境中，应如何开始？或者，作为普通人的我们应如何学习跳出框架进行思考？什么可以帮助我们解决这些问题？在本节中，我会向大家介绍一种可行的方法，该方法已经在世界范围内被多次尝试并帮助人们开辟了新的视角。

大声工作法

约翰·斯特普（John Stepper）提出的大声工作法已经在50多个国家和地区的许多知名企业中得到应用，包括博世、戴姆勒和西门子。我个人也曾经尝试过该方法并在我的生活中设置了一个大声工作群组。大声工作法可能并不是如你所想象的那般，以较大的音量开展工作，而是指要与其他人建立联系并形成良好的人际关系。通过齐心协力、付诸实践、敞开心扉，我们能够将问题聚焦于团队之外，并最终共同实现个人目标。

图 5-4　团队协作是大声工作法的核心原则

> **约翰·斯特普提出的大声工作法**
>
> 大声工作群组是一个由 4~5 人组成的同伴互助小组,在群组中你可以问自己以下 3 个问题:
>
> ◆ 我想要达到什么目标?
> ◆ 谁与我的目标相关?
> ◆ 我应该如何加深我们之间的关系?
>
> 这个大约持续 3 个月的群组能够帮助你扩大自己的人脉网络并提高工作效率。[1]

---

[1] Vgl. https://workingoutloud.com/de/circle-guides.

在完成项目管理和敏捷方法的培训后，本主动在他的公司发起了一个大声工作群组。

本兴奋地告诉我，每一位小组成员都非常投入并提供了很多意见。尤其令他深有感触的是，大家能够在短时间内以如此坦率和慷慨的方式互相交流信息和提供援助。与之息息相关的是，每个人都在饱含热情地追求自己的目标以及清晰、简明的会议组织结构。会议讨论的主题涉及方方面面，从工作目标到个人职业生涯以及应对压力的方法等。由于每周都设定了明确的议程和指引，本作为这个小组的发起人并没有太大的准备压力。通过使用视频聊天和网络会议，本的数字化能力得到了显著提高，他自己也感到获益良多。此外，本还强调说，组员之间很快建立了彼此信任的关系。第一次见面时大家就已经形成了极大的互相帮助和支持的意愿。总而言之，本说道，他的人脉网络扩展得十分迅速，不仅开阔视野，而且学习到了很多新的知识。最重要的是，他学习到了从新的角度去看待同事之间的合作，以及对职场环境中给予和接受的不同理解。同时，他呼吁每一个人都可以尝试建立一个属于自己的大声工作群组。

本所提倡的这种尝试合作的理念，正是大声工作法的意义之所在。行动起来意味着以不同的方式建立相互联系，相互学习并相互促进。而最终，我们会了解到，群组会议将如何促成工作的成功，互相信任的工作氛围如何带来乐趣，以及僵化的管理系统如何通过集体工作得到改善和升级。

以上关于新型职场环境及需要解决问题的简要概述表明，说明为应对当今时代的复杂性和挑战，可应用于不同领域的新型工具已经出现了。

与你切身相关

或许你已经使用了上述某些方法并了解了它们的优缺点，又或者它们完全不适用于你的职业领域。但事实上，为准确应对和解决当今时代的问题，你必须了解并应用这些新的理念和方法，无论你所从事的行业是什么。因为现在所有的行业都在向着数字世界迈进，所有领域也都面临着方式方法、手段策略的变化。所以，为了跟上时代的脚步，你必须了解和掌握新的游戏规则。

在我作为培训师和辅导师的工作中，我必须时刻掌握新的职场环境变化以及未来的发展趋势。我需要了解最新的工作方法，并讨论如何将它们整合到我的工作中来。在此过程中，我尤其关注应如何帮助人们认识和应对新型职场环境、公司应如何在这样的条件下留住员工、人们应如何在团队中互相尊重并共同取得成功，以及在一个瞬息万变的世界中，如何实现幸福以及工作和生活满意度。我需要找到属于自己的方式来应对这一切，并不断学习新事物、与时俱进。那么我是如何做到的呢？

通过参加各种展会和大型会议，如精益茶会、夏令营之类的公开活动，或超出自身学科领域的各类培训课程，我可以了解到各种新形式和新技术。同时，我力求与不同领域的人展开讨论，无论策划发起人或思想领袖，还是同事、朋友或客户，以及各种偶然机会，借此我能够感受到时代的脉搏并融入其中。我积极参加合作、加强联络、交流想法和分享知识，因为我相信集体的力量会大于个体。此外，我喜欢与其他人共同迈出新的步伐。最重要的是，我希望了解我的客户，理解他们的恐惧、担忧、需求以及潜在机会。只有这样，我才能提出正确的问题，为他们提供动力，共同生成想法并陪伴他们成长。

那么，现在回到你所面对的问题：要对自己负责。还在期待上司或其他人帮你做出规划？不，那样的时代已经过去了。不可否认，还有少数一些公司延续着这种传统的工作方式——但它是否仍适用于未来的发展趋势，只怕更大程度上是值得怀疑的。

灵活性和敏捷度意味着……

- 远离等级制度——走向个人担当
- 远离孤身奋战——走向真正的团队精神
- 远离僵化规划——走向适应能力
- 远离被动管理——走向主动设计
- 远离知识堆积——走向知识共享
- 远离批评——走向建设性反馈文化

- ◆ 远离控制——走向信任
- ◆ 远离缓慢流程——走向快速决策
- ◆ 远离对错误的恐惧——走向鲜活的容错文化
- ◆ 远离外在动机——走向内在动机
- ◆ 远离单向沟通——走向真正的沟通和反思

总的来说，敏捷是一种越来越重要的思考和行为方式。它需要灵活的思维模式、终身学习以及有效、有价值的沟通交流，同时还需要自我和集体反思。正如前面几个章节所提到的，做出决定的意愿、承担风险和放弃所爱的准备，所有这些在一个良好的工作关系中将更容易得以实现。因为良好的工作关系创造了信任，而信任是新型工作的重要前提。

无论作为单位体系中的员工、个体经营者还是管理层，工作方式都在发生变化，透明度和信任文化至关重要。许多曾与我交流过的企业管理者、人力资源经理、项目负责人或企业员工都对此表示赞同。

6 创造力

名言警句

"创造力是一种令人愉悦的智慧。"

阿尔伯特·爱因斯坦（Albert Einstein），
物理学家，1879—1955

也就是说

用创造力打开你的未来

请记住

- 每个人都可以发挥创造力
- 游戏激发创造
- 无聊对创造来说不无坏处
- 融入日常生活的简单创意技巧

6.1 每个人都可以发挥创造力

"我和创造力毫无关系!"在过去将近40年的人生中,这个信念早已在我心中根深蒂固。

学生时代的我一直很喜欢上艺术课,尽管我并不擅长绘画。瞧,我就是这样认为的,尽管有着中等偏上的成绩,我仍认定自己并不具备绘画天分。因为我总是以别人为标杆,而相比之下我更喜欢别人的画作。我把标准设定得过高,以至于我永远无法达到。然而,我的结论并不是我为自己设定了过高的标准,而是我没有创造力。我擅长的是提出和发表演讲,但这并不被我归于创造力的范畴。在我看来,音乐是创造力的第二个领域。我的音乐生涯的开始和结束都十分平淡。3年竖琴、3年小提琴,当然都只停留在较低水平。最初的热情会在短短几个月后消失殆尽,无论练习还是上课都无法令我产生兴趣。我几乎没有任何进步,而只是单纯地不喜欢演奏。在我的毕业证书上,音乐成绩甚至都没有及格。这没什么可奇怪的,我本来就不具备什么创造力。对这一点我坚信不疑。

直到很多年后我才终于明白,其实我具有很多的创造潜力,而我也终于能够把这个根植于内心的信念彻底扔掉。我认识到,创造力不仅限于视觉艺术家、设计师和音乐家所做的事情。我的创造力在于，在遇到困难时迅速提出意见和解决方案，灵活应对突发情况并自发寻找新的方法。而且通常并非只提出单独的一个方案，而是开展成体系的整套措施。此外，我能够比较轻松地提出新的理念并迅速在提示板上进行形象化展示。我尤其喜欢把想法推而广之，并且发现，人们在行动的过程中也会不断产生创造力。

如今我认识到，创造力涉及方方面面，而不仅限于艺术爱好和传统意义上的创造性职业。人们几乎可以在所有的行动中发挥创造力，无论在工作中还是空闲时间。比如说，创造力还涉及处理个人事务或问题的方式方法，以及人们可以在吸引和激励他人、建立人际关系的过程中发挥创造力。

上述所有创造力的表现形式都并非与生俱来的。许多相关研究驳斥了此前普遍认为的，与生俱来的创造天赋对一个人的创造力发展起到决定性作用。好的创意并不是只属于少数人的特权。创造力存在于每个人的大脑之中——每一个人类大脑都可以生成想象和创意。众所周知，人类的左脑负责理性思考，而右脑则负责创造力思维。然而，这样的区分过于简单化了。当我们发挥创造力时，大脑中会形成很多神经连接。发散思维意味着大脑可以同时为一个问题或提问寻求多种解决方案；而专注思维则意味着人们正致力于找出正确的解决方案。当然，每个人所关注的重点都互不相同。智力和许多其他因素，如好奇心和开放性，塑造了不同的我们，并对创造力的开发起着重要作用。

> **信息提示**
>
> **创造力**
>
> 创造力可以被理解为创造新事物或以新方式看待已存在事物的能力。具有创造性思维的人可以以不同寻常的方式解决问题。创造力能够为不同的工作和生活领域带来原始创意。

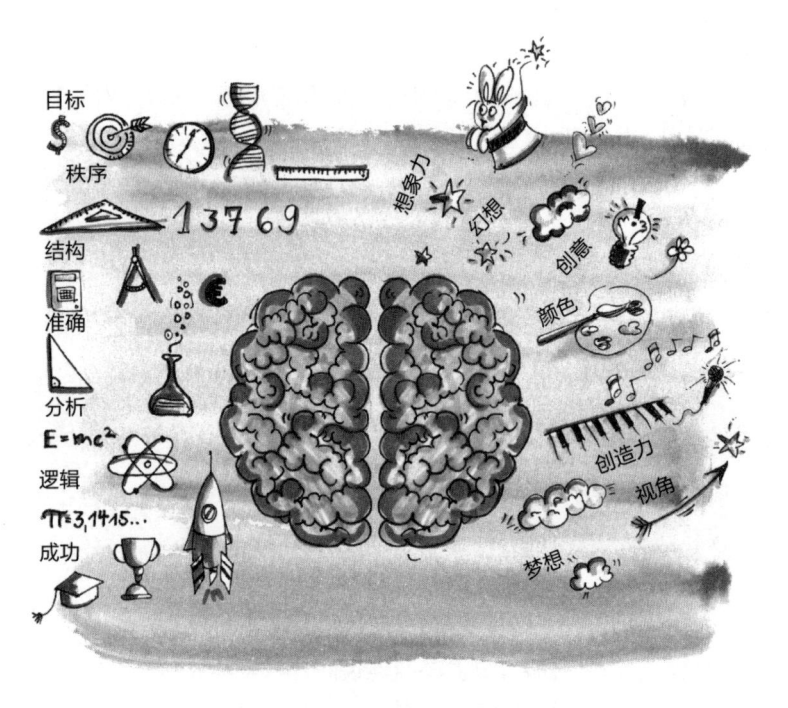

图 6-1 每个人的大脑都分为左脑和右脑

现如今，企业所寻找的正是富有想象力的员工，即了解自身潜力、能够以好奇的心态看待世界，且不断思考和发现创意的人。微小的变化已无法满足完全不同的产品世界所发生的巨大飞跃以及创意想法的开发需求，这需要创造力和发散思维。值得高兴的是，人类产生疯狂想法的能力仍是被需要的，因为它们是未来形成独创性发明的基础。也就是说，目前人工智能在直觉和与主旨、思想、灵感相关的能力方面为人类留下了发挥空间。

原则上，每个人都可以发挥创造力。不同领域有着多样化的发展特点，无论是木匠在他的工作中开发出新的加工技术或艺术元素、银行家提出分析商业计划的新想法、艺术家创作出令人惊叹的作品、应用设计师为市场带来了突破性创新，还是有人在烹饪时创造出美味的菜谱、拍照时捕捉到特殊的视角、巧妙设置的庆祝活动以及特殊而精美的布置装饰——所有这些都是创造力之所在。

6.2 唤醒你心中的童真

作为孩子的我们都很有创造力——远远超过现在的我们。简单回顾一下童年时期的众多游戏创意，足见那时的我们是多么创意十足。就我个人而言，我能回想起很多画面：我们如何在没有很多玩具的情况下用锅碗瓢盆制作出整套迪斯科音响系统，用雨伞建造完整的生活空间，在花园里开展奥林匹克运动项目，并举办数小时的蜗牛赛跑。我还会经常自己发明新的棋盘游戏，因为我喜欢和父亲一起玩。孩子们的创造力总是无穷的，尤其当孩子们聚集在一起时，他们的创新想法几乎势不可当。

那么你呢？你的童年给你留下了哪些有趣回忆——你真正快乐和满足的地方是什么？多数情况下，这些是直到今天仍直接或间接反映你兴趣的领域，也许在某个角落里正隐藏着你的创造力宝藏。

你的童年热爱

练习

◆ 你童年时最喜欢玩、读或看的东西是什么？[1]

_____

_____

◆ 你最喜欢哪种环境（大海、山脉、农场、和祖母在一起……）？

_____

_____

---

[1] Vgl. auch Gulder, Angelika: Finde den Job, der dich glücklich macht. Von der Berufung zum Beruf. Frankfurt/Main: Campus Verlag, 3. Auflage 2013, S. 75.

◆ 当有人问你以下问题时，你会怎么回答：你最想玩什么游戏？我们该做些什么？

_____

_____

◆ 我 5 岁的时候最喜欢玩……

_____

_____

◆ 我 8 岁的时候最喜欢做……

_____

_____

◆ 我 12 岁的时候最喜欢花时间在……

_____

_____

◆ 哪些——也许是疯狂的——想法激励着你？你的心跳会因为什么而加快？你真正的兴趣点在哪里？

_____

_____

失去创造力

"每一个孩子都是艺术家——毕加索曾经这样说过。而真正的挑战在于，他们在长大后是否仍然是一位艺术家。毕加索所说的不无道理。孩子确实比成年人更容易对疯狂的想法感到兴奋。"[1] 孩子们怀有好奇心和开放的心态，去尝试那些所谓的不可能的事情。但是随着时间的推移，教育和成长环境教会他们，某些事情是不合理或不可取的，无论超出常规的尝试或是单纯的疯狂想法。孩子们不断发出的"为什么"被成年人一次又一次地阻止，以至于他们渐渐忘记了如何提问以及如何自由地发挥他们的好奇心。

这一现象会在后面的学校生活中继续发展，只有很少的学校会将创造力发展当作学校教育的重点。在超过30名学生的课堂上，另类、新颖和不同的观点很容易影响课程的正常进度，并且浪费时间，而时间正是繁忙的学校日常缺乏的。传统的教学方式，如在黑板上正面展示、计算和讲解，通常更容易实现。为检验学生对所学知识的掌握程度而进行的测试，也只能在短期内起到巩固和加强作用，不久后又会被再次遗忘。然而，想要获得更多的创造力，就必须能够独立发现问题、分解问题、从不同的角度分析问题并找到属于自己的解决方案。研究和实验往往未能在课程计

---

[1] Kast, Bas: Und plötzlich macht es klick. Das Handwerk der Kreativität oder wie die guten Ideen in den Kopf kommen. Frankfurt/Main: Fischer Taschenbuch, 2018, S. 120.

划中得到足够的重视，学生对知识的渴望被这样的教育体制压制而非熄灭。随着年龄的增长，创造力的屏障被不断向前推进。更有甚者，一些问题被认为是愚蠢或烦人的，进而被搁置一旁。这种情况发生得越早，孩子们就会越快忘记质疑已经存在的事物，以及去思考和接受其他非常规的解决方案。①

熟能生巧

创造力不仅需要好奇心、开放性心态和热情，还需要训练、勤奋和毅力。否则，人们很难在自己感兴趣的领域获得出色的技能和能力，以创造出新的想法和解决方案。然而这正是孩子们缺乏的练习，当他们在学校逐渐放弃对某些感兴趣领域的好奇和热情时，②创造力便遥不可及了。

如果你想要达到很高的创作水平，那么你应该从很早就开始进入专业领域。也就是说，你需要练习自己的技能，坚持训练并进一步完善。而这一切对能力的坚持、加强和深化都需要耗费精力和时间。因此，尽早开始十分重要。巴斯·卡斯特（Bas Kast）在他的《灵光一现！创造力工具》一书中得出了这个结论。书中，他以阿尔伯特·爱因斯坦（Albert Einstein）为例佐证了这一观点。爱因斯坦曾在16岁时想象骑着一束光线前行，而

---

① Vgl. Gerald Hüther auf der Didacta 2011: https://www.youtube.com/watch?v=shh31MTUL3M.
② Vgl. https://www.focus.de/familie/eltern/familie-heute/hirnforscher-eltern-stehlen-kindern-die-wichtigste-erfahrung-ihrer-kindheit_id_10930803.html.

10年后他用相对论找到了自己的答案。再比如沃尔夫冈·阿马德乌斯·莫扎特（Wolfgang Amadeus Mozart），如果没有热情和勤奋，他永远不会从神童变成真正的天才。[①]

孩子们的好奇心会随着时间的推移而不断减弱，因为天真和无知会渐渐被他们自己的学习、探索和经验所取代。不知从什么时候起，孩子们不再需要通过实验去了解这种或那种关联，他们在所学知识的基础上不断生成、进化。他们从少年变成青年、最终成年。在这个过程中，他们的研究精神渐渐沉睡，也就是那种驱使他们对事实、关联和存在不断发出质疑或积极创新的内在力量。

6.3 生产性枯燥与梦想

没有热情，即动机和兴趣的结合，是不可能形成创造性思维的。在具备足够空间和时间的前提下，人们必须竭尽全力去寻找特定问题的解决方案。在压力状态下是无法发挥创造力的，因为此时的大脑并不处于创造力模式。"创造力是大脑的一项特殊能力。在此状态下，事情会以一种全新的方式相互联结。但绝不能让大脑感受到压力，无论成绩、竞争还是时间上的压

[①] Kast, Bas: Und plötzlich macht es klick, a.a.O., S. 123 f.

力。"格拉尔德·胡瑟（Gerald Hüther）曾这样说过。[1] 他将压力状态下的思考比作电梯。大脑的上层结构负责生产创造性的周密思维，而底层结构则负责简单的思维模式。随着压力的增加，大脑所感知的压力不断加强，思维的层级就会逐层下降，上层结构中的相互关联会逐渐失效。这里所说的上层结构，即前额叶皮层，正是大脑中负责进行前瞻性思维和创造性解决问题的区域。随着思维广度的缩小，我们对事物的思考也变成了单一的因果关系。如果此时压力继续上升，思维将无法正常运转。我们最终将置身于大脑思维的底层，只有逃跑或战斗的原始本能可以继续发挥功效。[2]

相信每个人对这样的感受都不陌生，当我们在承受巨大压力时，会无法思考或作出任何反应。这就好像我们总是会在淋浴、散步或放空时生发一些绝妙的创意。

这种在放空或完全放松的状态下迸发的伟大创意，很好的一个例子就是哈利·波特的诞生：乔安妮·K. 罗琳（Joanne K. Rowling）从小就对写作充满热情。大学毕业后在国际特赦组织工作期间，她曾创作过多本小说，尽管都未曾出版。关于哈利·波特系列丛书的设想是在一列火车上产生的，当时这列火车晚

---

[1] Gerald Hüther im Interview. Vgl. Christoph Neßhöver, Führung:Klötzchen statt PowerPoint – wenn Manager mit Lego spielen, 5. Teil, manager magazin, 15.08.2017, https://www.manager-magazin.de/magazin/artikel/strategie-kloetzchen-statt-powerpointa-1147673-5.html.

[2] Vgl. https://www.stern.de/panorama/wissen/mensch/stressunter-druck-stuerzt-das-denken-in-den-keller-3330526.html. Siehe auch Lariani, Amel: Kreatives Denken. Obenrum offen, in: managerSeminare, Heft Nr. 254, Mai 2019.

点了数个小时,而火车上的罗琳正处于极端无聊的状态。她注视着窗外,脑海中浮现出那个戴着金属框眼镜、额头上有疤痕的孤儿魔法师形象——哈利·波特。渐渐地,越来越多的人物形象出现在她的脑海中,在列车抵达目的地之前,她已经想好了七册书的整体构想。[①] 当然,在这些书真正出版之前,罗琳仍经历了许多艰辛。如果没有激情和动力,这几乎是不可能完成的任务。同时,勇气和毅力也是创作这样一套全世界最伟大的系列图书之一所不可或缺的。

白日梦、放松和无所事事——或者我们可以称之为生产性枯燥——是创造力的优质养料。通过这种方式,我们可以把现有知识和新的冲动相结合,将思想推向新的未知领域。

有创造力的人被赋予了一些普遍特征,如杰出的审美、广泛的兴趣、对复杂事物的偏爱以及处理矛盾信息的能力。[②] 而富有创造力的人所具备的一个显著特征就是好奇心,即主动感受新的体验的意愿。他们能够自然地接受新的观点,从而跨越个人舒适区,以灵活的思维模式应对生活。而创造力是可以被习得的,正如创造性思维的主要发起人之一爱德华·德·博诺(Edward de Bono)所说:"我并不认为创造力是上天赠予的礼物。我相信,这是一种可以像开车一样练习和习得的技能。我们之所以认为创造力是一种天赋,是因为我们从未尝试将其

---

① Kast, Bas: Und plötzlich macht es klick, a.a.O., S. 89.

② Olson, Deborah: Die Psychologie des Erfolgs, a.a.O.

作为一种技能来练习。"[1]

如果我们将创造力理解为一种技能,那么练习横向思维和创造性思维的意义将不言而喻。因此,在下面的段落中,我将向大家介绍一些促进创造力发展的动力、方法和练习。我的目的并不是对创意开发的所有阶段进行全面的概述和结构化分类,而只是为了激发大家对开发创造力的兴趣,并提高大家对尝试不同可能、重新思考和转换视角的开放性。这是帮助大家开发自身创造潜力的一次尝试。

即使在白天,你也可以让自己沉浸在梦想和无限的思绪之中。也就是说,请放开你的思绪,任其四处游荡,给予大脑足够的时间和空间将不同信息相互联结。这和我们常对小孩子们说的"他们现在需要休息一下来处理接收到的大量信息",其实是一个道理。其实,你可以将"做白日梦"的行为固定下来,例如,你可以利用午休时间去外面散步,然后任自己的思绪无限发散,形成所谓的"白日梦"。当然,也有一种可能,就是当大脑完全处于放松的状态,好的创意刚刚出现就会迅速消散。对一些人来说,如果他们有意贴近某个主题去思考,他们会更容易达到"白日梦"的状态。比如,它可以是下一次假期的安排,去海边的一次思想之旅,或者是个人或职业的发展规划等。无论如何,最重要的一点在于不要判断自己的想法,而是让它们自然而然、自由生长。

---

[1] Zitiert nach: Hamer, Welf / Bornand, Jilline: Überfachliche Kompetenzen. Zürich: Compendo Bildungsmedien, 2012.

6.4 即刻出发

以下是一些促进创造力发展的建议:

练习

你的个人梦想[1]

想象一下,你从一位富有的亲人那里继承了一大笔财富,而且你有一位非常杰出的投资顾问。这意味着你已经拥有了高枕无忧的未来,从此再也不需要工作了。

◆ 在最初的一两年你会做什么?

_____

_____

◆ 当你的消费和旅行需求都得到了满足,你将如何消磨时间?

_____

_____

---

[1] 这种方法是我在柏林参加的一次由卡洛琳·冯·里希特霍芬(Carolin von Richthofen)主持的研讨会上了解到的。

◆ 你想在生活中深入探讨哪些课题?

_____

_____

_____

◆ 你想学习什么?

_____

_____

_____

◆ 你将如何以你认为"有意义"的方式度过你的人生?

_____

_____

_____

◆ 是什么让你每天都有新的动力?

_____

_____

_____

◆ 你人生新的座右铭是什么?

_____

_____

_____

练习

你的创意工厂

请让自己沉浸在你所感兴趣的领域,并想象你或其他人做出了开创性、有趣、史无前例或非常简单的发现或发明。请跳出框架,疯狂思考,让你的思绪转动起来。

◆ 在你目前为止的生活中大有用处、却尚未被发明出来的物品是什么?

◆ 还有什么?

◆ 还有什么?

用孩子的眼光看世界

如果你再次匆匆忙忙地度过人生并发觉，原来你对周围的环境知之甚少，那么请有意识地停下来，让自己暂停一下。请尝试用孩子的眼光去看待世界，惊讶并好奇地质疑那些看似十分自然的事情。通过这种方式，你可以每天只花几分钟的时间，以一种轻松有趣的方式激发和培养你的好奇心、开放性和趣味性。这样的尝试次数越多，你就越能成功地质疑那些已经存在的东西，而不会总是认为存在即合理。

持续写作

在辅导的过程中，我最喜欢采用的方法之一就是鼓励客户针对某些主题持续写作20分钟~30分钟，主要是关于一些现存的挑战或学员所研究的相关领域的内容。就我个人的亲身经历来说，这个方法的效果十分显著，因为在写作的过程中很多问题会通过不同的形式呈现出来，有时候甚至会突然之间迎刃而解。即使不从解决问题的角度出发，这样的写作形式也可以帮助大家优化表达并得到提升。这种表达式写作的方法源自临床医学领域，已经得到广泛的研究，对促进创造力开发也有一定的积极作用。

它的操作方法是这样的：每天早上当你坐在办公桌前时，最好在你打开计算机收到第一封电子邮件之前，在桌子上放一支笔和一张 A4 纸。如果你觉得其他时间更适合你，也完全没有问题。请选择一个你想要写作的主题，即一个与你的研究领域相关或正在寻求解决方案或想法的问题。请连续书写，即使你不知道该写些什么也不要把笔停下放在一旁。你可以在纸上写道——"我真的不知道该写些什么"——直到你再次产生其他可以记录的想法。标点符号、书写规范、语法和文体风格都无关紧要。[1] 如果你经常通过这种方式整理思路，那么你可以使用一个喜欢的笔记本或练习本。这样当你在几天后再次翻看这些内容时，可以标记出一些相关信息、新的创意、思维飞跃或任何令你感兴趣的内容。即使在多年之后，重新回顾这些文字也会是一件很有趣的事情。

如果你想要采用这种表达性写作的方式去排解忧虑、挣脱困境，请记住保罗·亨克尔（Paul Henkel）给大家的一点忠告："很多人说，他们有时会在写作之后感到十分悲伤。通常情况下这种悲伤会在几个小时后消失。但如果你发现，你的写作令你非常沮丧，那么请立刻停止或者重新选择另外一个主题。"[2] 或者你还可以考虑，是否有必要寻求朋友或专业人士的帮助。

放任自己，天马行空

尝试用疯狂的想法和愿景来激发你的想象力，包括用不同

---

[1] Vgl. https://schreibenwirkt.de/expressives-schreiben.
[2] Vgl. https://schreibenwirkt.de/expressives-schreiben.

以往的思维方式思考问题,提出一些你通常不会提的问题。或许这样能够帮助你转换到孩子的视角,并用孩子的口吻提出问题。因为诸如"为什么香蕉是歪的"这样的问题实际上可能会引发有趣的思考。

练习

寻找创意答案

◆ 为什么人类在出生之前生活在水中,出生后却不会游泳呢?

◆ 假设你即将重生:你会是什么动物?为什么?你会遇到其他什么动物?你会和它们聊些什么呢?

◆ 想象一下,如果人类获得了永生——世界会变成什么样子?

◆ 如果除了自行车和马车再没有其他交通工具,我们的日常生活会变成什么样子?

倒置法

另一个可以独自或与朋友、同事或家人一起完成的方法是倒置法。它的运行原理是基于对人们的观察，即许多人认为消极思考比积极思考更容易。那么请你考虑一下，你可以采取哪些行动以使得你的目标无论如何都无法达成。你所能采取的使其全面崩盘或在会议中不被听到的最快方式是什么？

把问题置于完全相反的境地是这个方法背后的逻辑，而且它很容易被应用于日常的工作和生活中。那么接下来请尝试一下，来给你的创造力增加一点刺激。

从自然中获取灵感

一直以来，人类都试图将动植物对自然的适应性转移到其他领域。水、陆地和空气中的生物进化过程为人类展现了多种可能性，也确保了动植物的生存繁衍。早在16世纪，列奥纳多·达·芬奇（Leonardo da Vinci）就根据鸟类的飞行原理发明了飞行器。这种转移被称为仿生学——试图揭开大自然的秘密，并将其作为开发新产品和新创意的原型。

企鹅拥有精密的导航系统，犀牛和大象拥有坚硬而富有弹性的皮肤。一些动物将房子背在自己身上，而食肉植物可以吸引动物并使用特殊技巧吞食昆虫和其他动物。蜘蛛网、鲨鱼和火山——到处都充斥着我们可以应用于产品开发和主题探索的可能方案。

当你在白天放空大脑，你可以仰望天空，观察树叶和蜘蛛网，并考虑一下海鸥或乌鸦有什么特别之处。或者你可以想一想，板块构造运动会带来怎样的变化，以及潮汐运动会对你的思维造成什么影响。你能在大自然中找到足够多的灵感，而这些思维游戏也能够提高你融会贯通、发散思维的能力。

联想写作、涂鸦或思维导图

"自由联想"是指不带有任何主观判断、自发地写下想到的关于某一个话题的所有关键词，而这一过程的难点在于不要立刻作出主观判断。大多数情况下，这会是我们最大的困难，因为我们总是倾向于第一时间将我们的想法归为不好的或不重要的一类。尽管如此，开始自由联想并记下你能想到的关于特定主题的所有内容还是有意义的。有时候，5分钟的时间就足够我们写下所有的关键词了。我们还可以在大自然或运动过程中，以一种轻松的方式练习自由联想，比如在森林中散步的时候。由于很难做到随时随地将内容记录或画在纸上，因此使用智能手机来记录想法不失为一个好方法。

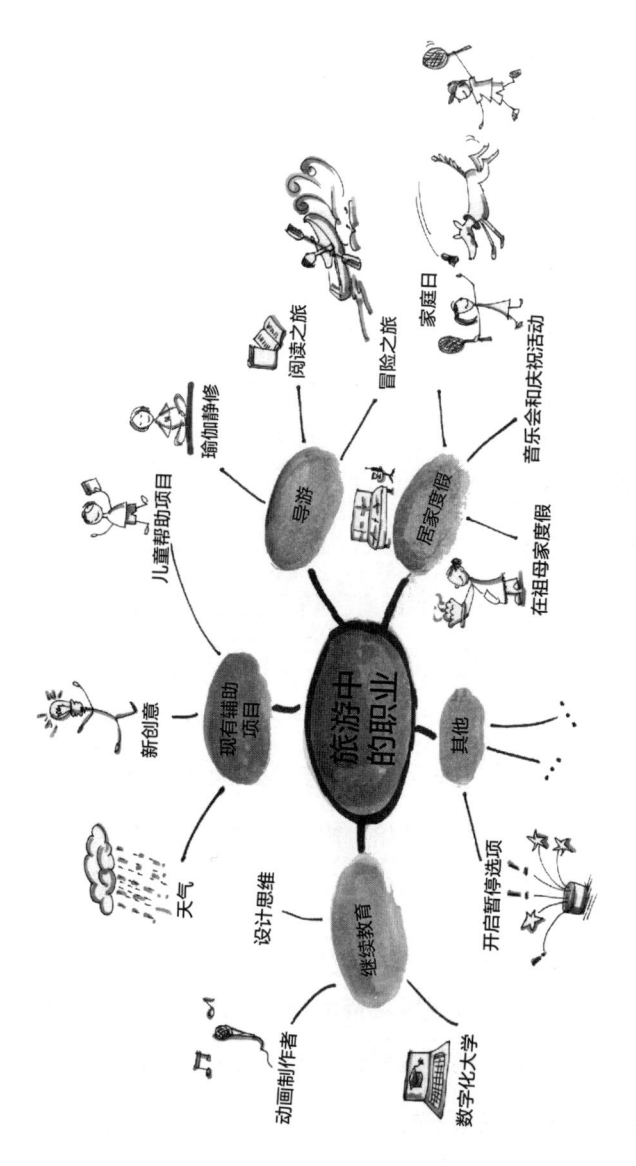

图 6-2 关于旅游行业职业主体的思维导图示意图

144 终身成长：未来职场的 7 大核心竞争力

或者你也可以在思维导图或列表中构建自己的联想。在使用这种方法的过程中，首先完成主干思路、进而深入研究分支内容是行之有效的操作方式。最好使用较大尺寸的纸张，以便日后添加新的分支内容。

利用图像和物体

图像、比喻或其他素材（如木质动物、乐高积木或日常生活用品等）能够帮助我们提高自身创造力。我们在图像中思考和感知，然后将它们编码成语言输出。"图像构建了潜意识和意识之间的联系，即它通过形象化的展示使观察者能够用语言来表达他们的直观感受。"[1] 图像能够软化僵化的思维模式、创造新的联系、触发记忆和情感、打开陌生的视角并给人们带来新的想法，这是进入创作过程的正确路径。在辅导和研讨的过程中，我经常会使用图片、明信片或各种物体作为辅助，以便借助它们找到灵感的来源。

这种方法被应用于商业领域并非毫无道理。以"乐高认真玩（Lego Serious Play）"为例，该培训方法被应用于工作坊研讨的中间环节并通过乐高积木将趣味性和模型与商业世界相结合。战略、前景或产品原型可以通过这种方式被开发出来，同时还包括解决问题的流程问题。

---

[1] Gut, Jimmy / Kühne-Eisendle, Margit: Bildbar. Bonn: managerSeminare Verlags GmbH, 2014, S. 11.

在积木的帮助下，人们可以清晰明了地看出变化之所在且更易理解。此类工作坊的目的在于，最终将得出的结果付诸实践。[1]

脑力激荡法

头脑风暴之父、BBDO 广告公司的联合创始人亚历克斯·奥斯本（Alex Osborn）希望能够激励他的员工提出更多创意。因此，他在 1957 年提出了他的独创概念——脑力激荡法。这种方法的好处，也正是我在这里提到它的原因，它可以被广泛应用于不同领域。为方便大家理解，接下来我将用一个例子来解释这个方法。

假设你按照第 5 章（新型工作）中的建议开发了一款新式背包。接下来，你需要借助脑力激荡法向自己提出以下问题：

- ◆ 其他用途？这款背包还能用来做什么？可以当靠背使用吗？能否用于运送宠物？我可以用它听音乐吗？它可以变成收纳柜吗？
- ◆ 适应性？这款背包是否与其他包袋或行李箱相似？或是狗箱？音乐盒？是否能从这些产品中借鉴些什么？
- ◆ 改变？这款背包是被设计为单纯的背包还是也可以作为雨伞、手提箱或自行车锁使用？
- ◆ 放大？这款背包的尺寸是怎样的？它可以被用作洗衣

---

[1] Vgl. https://www.play-serious.org/.

袋吗？它是否可以被用来参与物流运输的全部过程？

◆ 缩小？这款背包能否缩小到袖珍型号？或者变成辅助犬可以负担的大小？

◆ 替换？背包材质能否用另一种材料替代，如可回收材料、绿色材料或新型材料？可以用拉锁以外的其他开合方式吗？肩带可以用另一种携带方式替代吗？

◆ 重新排列？例如，背包的开口可以在底部或侧面吗？或者这款背包可以背在胸前吗？

◆ 回收？什么会使背包变质？什么情况下背包会无法使用？

◆ 结合？可以与一件衣服一起或者作为一件夹克的一部分购买这款背包吗？是否还有其他的供货渠道？

通过上面这个简单的例子我们可以清楚地看出，这种方法带来了许多的想法和创意。如果你在这些问题的帮助下开发出了一个简单的创意或一个奇幻的产品，那么你可以断定，你是一个极具创造力的人。同时，这个过程也会给你带来乐趣。经过一段时间的沉淀，你可以对这些建议进行评估、确定优先级并检验其可行性。上述清单中的问题可以在未来用作奔驰法中"消除"这一方向的补充，帮助你最终形成"奔驰法—检查列表（SCAMPER-Checkliste）"。[1]

---

[1] Mai, Jochen: Die Osborn-Methode. Assoziationen wecken, https://karrierebibel.de/osborn-methode/.

六顶思考帽法

六顶思考帽法是爱德华·德·博诺（Edward de Bono）提出的一个著名的创意技巧。它是一种在小组内组织实施的趣味性方法。尤其在工作坊中这种方法会特别有趣，当然也可以在家里和朋友、家人、同事一起。快来尝试一下吧。

以不同颜色的帽子为标志，参与者会以不同的视角参与讨论。不同颜色的帽子代表一种不同的思考方式。因为在讨论中共有 6 种特有的思维方式被引入其中，在讨论过程中会形成丰富而充满活力的小组讨论氛围。

讨论中，针对某一主题的所有角度和观点都会被充分予以关注。这种方法尤其适用于处理和阐明较为复杂的挑战和任务，并对从不同角度提出的解决方案或想法做出评估和优化。当参与者戴上正确颜色的帽子时，会感到十分轻松自如。而最有趣也是最具启发意义的情况是，在讨论进行一段时间后，参与者会互相交换帽子并进入另一种思维模式。

总而言之，开发创造力和好奇心的方法有很多，尽管不是每个人都应该或必须成为一名出色的发明家。开发创造力的过程不仅有趣，还能渐渐改变你看待问题的角度。而这种思维方式正是未来对你来说至关重要且不可或缺的。

图 6-3 爱德华·德·博诺（Edward de Bono）的六顶思考帽法

7 减速与平衡

名言警句
"人们需要花费时间,安静地坐下来,去思考前进的方向。"

阿斯特里德·林德格伦(Astrid Lindgren),
瞄典作家,1907—2002

也就是说
从容地展望未来

请记住
- 戒除数字化成瘾能够实现自我减速
- 深度工作有助于实现正念
- 真实带来自如
- 有意义的人生更加美好
- 需要保持整体性

7.1 正念与戒除数字化成瘾

坚持不懈、接受教育培训、维持与同事的良好关系、保持灵活性——所有这些都需要足够的事业心、时间和个人努力来实现，尤其当我们必须接受一些新事物但内心对此感到十分抗拒时。当我们感到紧张、疲惫且无法承受这一切时，我们更加需要让自己参与其中并找到一些能够激励和吸引我们的东西。

如果没有动力，我们将很难真正成为人生的设计者。所有的事情于我们而言都是力气活，让我们倍感压力。因此，由于缺少动力和压力过大而导致的职业倦怠是一种并不鲜见的临床诊断结果。雅思敏的例子恰好向我们说明了追寻自身动力的重要性及方法。同时，我们也需要在其他生活领域里获取平衡，以抵消工作领域中的压力。在第 3 章（自我反思与自我调节）中，我已经列举了一些可以使生活更加轻松的建议，如更好地处理自己的情绪。

有时候，过强的动力也会使我们过度消耗自身精力，因为我们对某事过于热衷。过高的热情和激情也可能带来消极后果。我们会面临无法停止的风险，最坏的情况还会出现职业倦怠，即使这股热情和力量看似取之不尽、用之不竭。

在这两种情况下，最重要的是明确知道自己的身体和精神极限在哪里。通常情况下，我们的潜意识比我们自己更了解这些界限所在，因此关注身体信号和症状并倾听自身的真实感受就显得尤为重要。当我们通过仔细观察并识别出自身极限之所在后，我们就能更好地实现内在平衡。如果没有这种平衡，我们的工作能力就会下降。这意味着，我们应该在职业生活中，当然最好也包括职业生活之外，与我们的精力来源和精力消耗渠道打好交道，以使我们始终保持在精力充沛和冷静放松的状态。

精力来源和精力消耗渠道这一话题所涉及的内容十分丰富，我们可以从童年时期建立起的个人信念开始说起。外向性与内向性也可以作为我们话题的开端，或者我们也可以尝试探寻自己完美主义的根源之所在。从精力角度去观察自身状态、改善或降低自身精力的消耗并增强其与自己的正向关联，对我们来说很有帮助。为更加专注于可持续性话题，我将在下文中为大家提供多种相互独立的精力补充方式。对这一重要话题的探讨将会对你的未来角色设定至关重要。无论你选择从哪里开始，无论适合你的方式是什么，最重要的是，你可以自主把控并实现自身的放松和平衡。

常态化无序日常

人们害怕错过一些事情的恐惧情绪越来越严重：赶紧浏览一下上次的聊天对话框，或许有人刚刚写下、发布或链接了一些重要内容？一旦有新的邮件闪现，最好快速点开查看。快速浏览一下 Xing 和 Linked In 上面的消息，在这些地方可以找到与工作相关的帖子。上述情形对我们每个人来说都并不陌生。通过平板电脑、智能手机或智能手表流向我们的信息数量是巨大的。无论是来自不同账户的电子邮件、Whats App 消息、新的 Ins 内容，还是 Twitter 中的新闻——我们每天都会接触到不计其数的大量数据并需要对它们进行一次又一次的分类和优先排序。显而易见，数据化正全方位地影响和控制着我们的生活。

邮件困扰及其后果

写邮件同样也会给环境带来负面影响。一项最新的研究表明，仅仅在英国"每天就会发送 6400 万封无用邮件。所有这些电子邮件都需要被输入、发送并存储在云中……该研究者得出结论：如果每人每天能够少发送一封电子邮件，就可以减少 1.6433 万吨的二氧化碳排放——这相当于减少 3334 辆在路上行驶的柴油汽车"。[①]

类似的场景在大街小巷里同样随处可见。相较于选择向别人问路，我们更倾向于第一时间打开手机应用程序并进行线上导航。无论是在公交车站或饭店，还是在家吃晚餐时，对我们

---

① Vgl. ada, Heute das Morgen verstehen, Handelsblatt GmbH, Düsseldorf, Newsletter vom 01.12.2019, https://join-ada.com/.

中的许多人来说——手机都处于"永远在线"状态。也就是说，我们希望能保持每天24小时的永久在线状态。在我们不曾注意的很多时候，对重要与不重要信息做出区分对我们来说已经十分困难。我们花费大量的时间去阅读和回复、反馈以及处理所有的新消息，而往往事后我们甚至不知道在过去的几个小时里究竟做了些什么。这样的行为模式已然成了我们的常态。

如果你已经觉察到，或者从别人那里听到说你花费了太多的时间在智能手机上，经常分心或者完全无法离开手机，那么你并不是第一个碰到这个问题的人。智能手机成瘾已经日益成为世界范围内一个涵盖所有年龄层的问题。同时，你或许也可以对自己的情况做出准确的判断。这也足以说明，为什么很多人会渐渐忽视创造力和人际交往能力的发展。事实上，大脑喜欢休息和放松，而你在生活中也需要时间去休息、放松并对每天涌入大脑的信息进行收集和处理。

那么，我们要怎样打破这样的自然循环呢？我们必须主动或被动地改变我们的习惯。但这一切只有在我们下定决心"离线"并做出切割的情况下才能有所成效。这也正是我们所谓的"戒除数字化成瘾"，即我们需要真正地放弃手机和微软小娜，即使只是在暂时状态下。

我们需要重拾旧的行为模式：用闹钟而不是手机闹铃。向别人问路，而不是使用谷歌地图。或者减少在手机上安装应用程序的数量，这将有助于减少我们每天可能接受的信息数量。

思考一下，我们真正需要在智能手机上完成哪些事情，以及在计算机和平板电脑中，哪些程序已经可以覆盖我们的使用需求？我们需要或想要不断了解什么信息以及有哪些新闻是我们可以不再关注的？我们真的有必要因为 H&M 的降价新闻、一条关于足球射门得分的最新消息或者朋友最新发布的一张照片而打断我们在餐厅里正在进行的谈话吗？我们可以关闭推送通知、将手机切换到飞行模式，或者——如果这些对你来说都太难做到的话——至少你可以将手机切换到静音模式。[1]

有趣的是，现在有一些应用程序也可以帮助你摆脱手机成瘾。如果在应用市场里输入关键词"戒除数字化成瘾（Digital Detox）"，那么你将会看到各种各样的应用选择。以应用程序"口袋教练（Pocket Coach）"为例，它可以帮助你保持至少 25 分钟的离线状态。它还可以对不同的场景进行区分，如开会、与朋友相处或独处。[2] 你可以使用应用程序来保护自己免受干扰或者设置高效工作时间，借此屏蔽通话或生成自动回复。此类应用程序可以显示你使用各类手机程序的频率和时长。你可以参加戒除数字化成瘾挑战，或通过保持离线或不打开任何其他应用程序在种树程序里种植虚拟树木。如果你想要以这种方式进入数字化静止状态，那么你一定可以在应用市场中找到有价值并适合自己的选择。但如果想要真正戒除数字化成瘾，你必

---

[1] Hummel, Thomas: Digital Detox – sieben Tipps zur digitalen Entgiftung, https://www.sueddeutsche.de/leben/digital-detoxsieben-tipps-zur-digitalen-entgiftung-1.3754767.

[2] 类似的应用程序还有"GoJuce"。

须付出努力。

此外，还可以选择设置禁止使用智能手机的时间或空间（如浴室、卫生间和厨房），将手机放置在黑白屏幕上（这会降低其对大脑的吸引力），设置复杂的屏保措施以增加解锁的复杂性，以及有针对性地选择侧重身体锻炼或禁止使用手机的度假方案。

我的一个朋友曾向我介绍，他们单位聚餐时会要求所有人把手机放在一起——第一个拿回手机的人需要支付当天的酒水费用。这也是一个不错的主意！我曾经尝试过，事实证明，这个方法确实有效。

7.2 深度工作

你是否曾做到过，每天只专注于完成为数不多的几项工作？在完成工作的过程中会不会总是有一些事情干扰着你，如不时响起的电话铃声或敲门声？请在日常生活中观察一下，你什么时候能够做到以非常专注和集中的状态、持续专注于自己的工作长达30分钟？现如今，这种在进行独立工作过程中，将所有的感官与注意力高度集中于一件事情上的状态被称为深度工作。如果你现在已经能够有意识地定期实现这种状态：请允许我为你献上诚挚的祝贺和赞美！如果日后你能够更频繁地以这种状态工作，那么你会发现，你将会以更高的效率、更高的专注度，以及或许更高的质量完成自己的各项任务。你将有机会达到心流状态，即忘记时间、全神贯注于自己的工作。但如果你总是尝试同时完成多项任务，那么你将会失去进入这一状态的机会。人们总是很难经受住诱惑，去一件接一件地快速完成事情。因为时间总是有限的，所以我们会在接电话的同时查看电子邮件，或者在开车过程中谷歌一下明天用餐的餐厅并拨打电话——当然是在等红灯的间隙。类似的例子你一定能够想到很多。

我总是会陷入同样或类似的境地，即我的注意力总是会在不经意间转移到其他地方。因为我并不是只专注于一项任务，而是试图同时完成多项工作。当我再一次无法记住某一个名字的时候，这意味着我可能没有把全部的注意力集中在我的工作对象上。同样，当我在构思这一章节的内容时，我需要强迫自己不再去做任何其他事情。这就是习惯的力量。或许听上去这只是一些微不足道的小细节，但正是这样的多重任务处理让我们的正念不断减少。

集中注意力，意味着将你的感知集中于此时此地，而正念的概念则要比这一层次的意义更加深远。增加生活中的正念，其目的在于使自己越来越多地扮演中立的、无价值判断的观察者角色，正如正念训练中所实践的那样。它是一种帮助我们更加冷静地处理日常生活困境的工具。

信息提示

正念减压疗法

正念减压疗法（Mindfulness Based Stress Reducation, MBSR）是20世纪70年代末由美国人乔恩·卡巴金开发的一项旨在通过有针对性的正念管控来实现压力管理的疗法。其目的是通过使用多种方法来发展、练习和稳定扩展正念。[①] 正念减压疗法的开端是一个为期8周的课程，该课程通常可以由医疗保险公司按比例负担费用。通过这种方式，人们可以在科学有效的引导下了解和练习不同的正念训练方法，并认识到哪些是对自己有效的方法，以及将来如何以不同的方式应对压力。

从神经学上来说，真正意义上的同时完成多项任务是不可能的。多重任务处理，从根本上来说只是对许多小型活动的相互连接。它与对一项任务的深入研究完全相反，因此也会对个人创造力和生产力的发展带来负面影响。而且，它时常会让人感觉处于一种无效激进主义的状态，至少对我来说确实如此。同时开始做所有的事情，会使得人们无法平静地完成任何事情。相信每个人都曾有过这样的经历，在多重任务处理过程中你会忘记近一半的内容，无论任务本身、名字还是文件信息。从长远来看，多重任务处理无法满足人们的期待。[②]

[①] Kabat-Zinn, Jon / Valentin, Lienhard: Stressbewältigung durch die Praxis der Achtsamkeit. Freiburg: Arbor, 2014.
[②] Zack, Devora: Die Multitasking-Falle. Warum wir nicht alles gleichzeitig können. Offenbach: Gabal Verlag, 2015.

改变的第一步是在感知层面。也就是说，你需要首先观察自己的行为并中肯地做出判断，你是否以及何时出现了多重任务处理的倾向。我的建议是：在不久的将来，请用半天或最好一天的时间来认真观察自己。当你开始一项任务的时候，你还会顺带做些什么？在工作过程中你是否只专注于一项任务，还是你会同时做些别的什么？观察过后（当然你也可以在过程中记录下你的观察结果），你需要重点思考哪些是你容易做出改变的地方。或许你可以每天为自己设置一个"凝神时段"，最好是在清晨。每天早上准备好茶或咖啡，来到办公室并关上房门，在门上挂一个提示牌"凝神时段，请勿打扰"。如果你没有私人办公室，那么你需要准备一个耳机。当然，你还需要警惕数字化成瘾并关闭电子邮箱——至少在凝神时段要确保如此。

我曾在芬兰见到过一些专门为高专注度工作所预留的办公空间。约定俗成的规则是人们不可以进入这些办公室。也就是说，它们是为纯粹的专注和凝神所设置的清静区域。

你还可以为自己设置固定的电子邮件查看时间，以便于你届时只专注于此项任务。同时，你也可以设定规律的休息时间并将它们写入自己的日常计划。你还可以腾出时间轻松用餐——而不是在匆忙之中随意进食。众所周知，在行进中进食是一种非常不健康的饮食方式，而且会给身体带来负担。你的身心都需要足够的休息和运转才能保持平衡，两者缺一不可。

练习

◆ 在什么情况下,你曾真正保持全神贯注的状态?

_____

_____

◆ 你如何使自己达到并保持这样的状态?

_____

_____

◆ 在什么情况下,你会无法集中自己的注意力并倾向于同时处理多项任务?

_____

_____

◆ 哪些行为或举措会将你从专注的状态转移到难以集中精力去做一件事情的状态?

_____

_____

◆ 你计划未来在哪些情形下努力实现深度工作?

_____

_____

7 减速与平衡

◆ 谁或什么会帮助你实现这一目标（手机提醒、办公桌上的便利贴、与你谈论这件事情并提醒你的同事、一个挂在门上的写着"请不要停下来"的提示牌）？

_____

_____

◆ 你要迈出的第一小步是什么？请回顾一下 72 小时法则。

_____

_____

- -

7.3 学会"断电"

对一些人来说，下班后与工作保持一定的精神距离是一件简单且自然的事情，而对另一些人来说，这却是一个巨大的挑战。众所周知，很多人会把工作带回家。即使在空闲时间，他们的思绪也会停留在工作中尚未解决的任务、未完成的事务或潜在的冲突上。通常情况下，这会造成思维的循环，使大脑无法放松。在这个过程中，人们会产生一种感觉，即他们无时无刻不忙于工作，没有时间休息也没有办法放松。长此以往，人们的身体会出现问题，因此，制定学习"断电"的策略尤其重要。[①] 深度放松将有益于身体健康和工作成绩的长远发展。

其实并没有一个可以适用于所有人的方法，因此，我们需要寻找真正对自己有益且能够帮助自己更好地与工作做切割的方法。而最重要的是，这些方法能够切实地融入我们的日常生活。

例如，我们可以首先在工作中设定明确的"结点"，将椅子推回到办公桌前、整理办公场所，或者创建第二天的待办事项清单——这也正是我特别喜欢做的事情。通过这种方式，我可以确保自己第二天不会忘记任何事情，并轻松地开始工作。

对很多人来说，设置一个下班的规律动作将有助于自己与工作做出明确切割，例如，步行回家、在火车上有意识地反思一天的工作并将到家的那一刻设定为反思终点。你也可以选择在车内播放某些标志性音乐，或者通过遛狗、在沙发上喝茶或与女朋友打电话来有意识地结束一天的工作。

与工作做出明确切割后，你就可以进入真正的放松阶段。无论你是喜欢晚上安静地在家休息、和朋友们一起出去玩，还是喜欢运动或看电视剧，一切活动都可以根据个人喜好自由选择。几乎所有人都知道，类似瑜伽这样的运动对我们放松身心颇有益处，但其他的运动也同样有助于我们放松休息。当然，并不是所有人都喜欢运动，一些人可能喜欢在完全放松的状态

---

① Schuster, Nadine: Achtsam und gelassen im Job. Bei Stress selbst aktiv werden. Weinheim: Beltz Verlag, 2015.

下烹饪，或进行沉思，或阅读。无论选择哪种方式，其重点在于制定适合自己的"断电"和放松策略。无论竞技体育，还是正念、放松练习，或者冥想，每个人都一定可以从众多的选择中找到适合自己的方式。正如上文所提到的：大家可以通过参加正念减压课程（MBSR）帮助自己找到方向。通过保持类似离线的在线状态，尝试适合自己的可行办法。最好的建议莫过于与朋友和熟人相处。当然，周末和假期也是自我"断电"的不错选择。而一般来说，认识到真正的"断电"能够帮助自己提高生活质量，这往往是开始的第一步。

启发性问题

◆ 你已经或未来计划采取哪些日常行动来与工作做出切割？

◆ 什么事情可以帮助你放松？请列出可以让你真正放松的事情，如洗浴、阅读、晒太阳，什么也不做或与家人共进晚餐？

◆ 你目前的休闲活动有哪些？

◆ 其中哪些活动可能消耗你的能量——未来你可能希望减少哪些活动？

◆ 其中哪些活动给你带来了活力？哪些能够帮助你放松自己？你想在你的生活中更多地融入哪些内容？

7.4 真实

毫无疑问，真实地度过一生是一种健康的人生态度。即使只是偶尔假装或转变自己的个性也会让人感到十分费力，长期下来更会让人筋疲力尽。诚然，每个人都要在自己的人生中扮演各种各样的角色，无论在职场中还是私人生活里，我们则需要恰当地处理好角色之间的关系。我们必须一次又一次地接受那些并不完全适合于自己的现实；有时，我们也不得不忍受冲突，并接受那些无法改变的事实。例如，我们需要与那些不想与之成为朋友的人打交道。甚至有时，即使我们在口袋里攥紧了拳头也不得不努力寻求一个好的解决方案。也就是说，我们必须让自己适应环境，因为并非一切都可以按照我们的想法和意愿进行。同时，我们也要尽可能让自己不屈服于这些客观存在。

灵活的思维模式和自我反思将有助于我们做到这一点。适应意味着使自己适应于周围的环境和差异，并有意识地找到处理它们的恰当方法。而迎合则意味着违背自己的内在价值观，做一些我们认为毫无意义的事情，并让自己处于那些于我们毫无益处的人的包围之中。长远来看，这是值得警惕的情形。审视自己的内心毫无疑问会对我们有所帮助：如果我们知道什么对我们来说是重要的，什么是可以商量的，而什么是完全不可以接受的，那么我们就可以将这些原则外放到我们与外界的相处过程中。如果我们想要保持真实，这意味着我们需要知道将自己的哪一面展示给哪些人，并且我们不会总是伪装自己去取悦他人。然而，要做到这一点，我们首先要了解自己的感受、思考、行为和交流方式。奥斯卡·王尔德（Oscar Wilde）曾说过的一句话恰如其分地表达了这一观点："做自己，那么其他的一切都将自然而然各归其位。"

卡塔琳娜总是觉得她必须取悦所有人。有时候在某些情形下，她自己也会感觉不太舒服，但无法描述原因。因此在我们的辅导谈话中，我交给她的一项任务是要在我们下次见面之前整理出如图 7-1 所示的一份关于自己真实状态的思维导图。

在谈话的过程中，我们对每种情形和每个人一一进行了讨论。卡塔琳娜对自己的想法总结如下：

当我能够向别人展示真实的自己，并允许别人来了解我时，我开始变得更加真实。我会向别人展示我之所以是我的原因，以及我所擅长和不够擅长的每个方面。我会表现出对某些事情的热情，也会说出那些对我真正重要的事情，以及我想要前进的方向和我的梦想。当然，也包括我的忧虑，或者至少是我的担忧和恐惧。

在这些情形下我不够真实

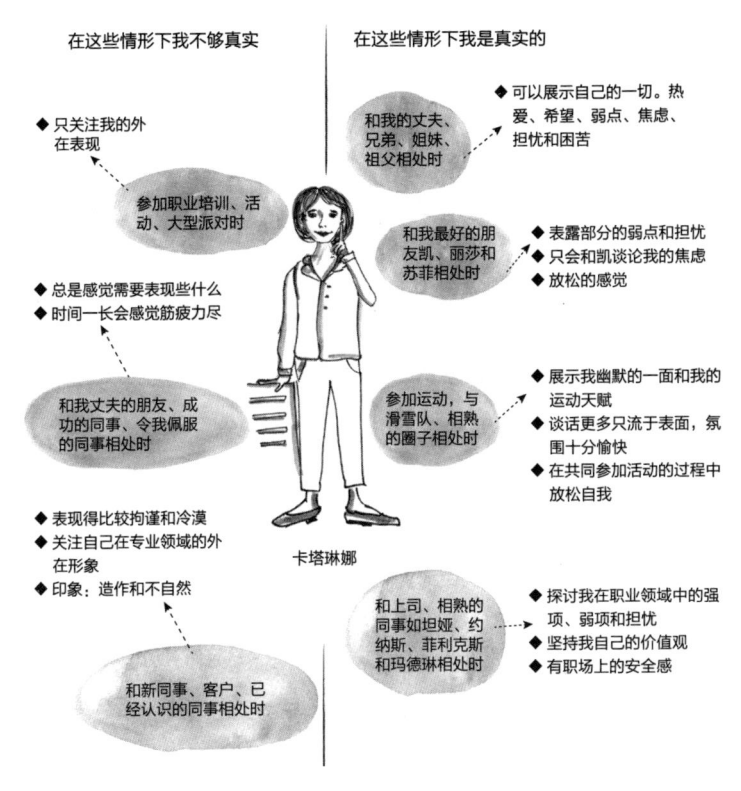

- 只关注我的外在表现
  - 参加职业培训、活动、大型派对时
- 总是感觉需要表现些什么
- 时间一长会感觉筋疲力尽
  - 和我丈夫的朋友、成功的同事、令我佩服的同事相处时
- 表现得比较拘谨和冷漠
- 关注自己在专业领域的外在形象
- 印象：造作和不自然
  - 和新同事、客户、已经认识的同事相处时

在这些情形下我是真实的

- 和我的丈夫、兄弟、姐妹、祖父相处时
  - ◆ 可以展示自己的一切。热爱、希望、弱点、焦虑、担忧和困苦
- 和我最好的朋友凯、丽莎和苏菲相处时
  - ◆ 表露部分的弱点和担忧
  - ◆ 只会和凯谈论我的焦虑
  - ◆ 放松的感觉
- 参加运动，与滑雪队、相熟的圈子相处时
  - ◆ 展示我幽默的一面和我的运动天赋
  - ◆ 谈话更多只流于表面，氛围十分愉快
  - ◆ 在共同参加活动的过程中放松自我
- 和上司、相熟的同事如坦娅、约纳斯、菲利克斯和玛德琳相处时
  - ◆ 探讨我在职业领域中的强项、弱项和担忧
  - ◆ 坚持我自己的价值观
  - ◆ 有职场上的安全感

卡塔琳娜

图 7-1 卡塔琳娜关于真实自我的思维导图

卡塔琳娜注意到，当她可以真正做自己时，她感觉轻松很多，所以她想改变一些东西。她很清楚，未来她需要在不同情况下更多地展示自己。我对卡塔琳娜提出的问题是：当你保持真实的自我，当你能够更多地表达自己的真实想法和对自己来说重要的事情时，你会担心什么？你认为在最糟糕的情况下会发生什么？

她的回答是，到目前为止，保持真实并没有给她带来任何

7 减速与平衡 **167**

坏处。真实带给了她面对未来的勇气，使她忠实于自己和自己的情绪，并逐渐摆脱对被他人看见真实自我的恐惧。同时，她也能够做到，有时候去独自坚持某个观点。尽管这一切并不容易，但她想继续努力下去。

有趣的是，她很快就提到，她收到越来越多的反馈，说她比以前更加放松和善解人意。她将这些归功于她新的开放性和真实性。

练习

真实性思维导图

占用自己一分钟的时间，拿出一张A4纸，并安静地绘制出属于你自己的真实性思维导图。你可以自行决定如何分门别类。在设计的过程中你可以完全自主。

你或许可以向自己提出以下问题：在不同的人面前，你感觉自己能保持多大程度的真实？为什么会得出这样的结论？对你来说，什么是真实？

然后请回答以下问题：

◆ 在观察这张思维导图时，你会想起些什么？

◆ 和谁在一起时你感觉很自在？和谁在一起时会感觉不自在？在什么情形下？

◆ 你希望在哪些特定情形下能够更加轻松，并且保持真实可能会成为破题的关键？

◆ 更多地展示自己会在和谁在一起时、什么情况下对你有所助益？

◆ 未来你想继续在哪些方面有针对性地划定自己的界限？

◆ 你还可以通过调整哪些方面让自己感觉更加真实？

7.5 人生的意义

那些找到自己的人生使命和梦想职业的人经常会说出类似这样的话:"我喜欢我的工作,而且我知道我可以通过它给世界带来哪些积极影响。"你可以感受到,这些人已经在自己的工作中找到了更深层次的意义。当被问及他们为集体作出了哪些贡献,以及他们为什么如此喜欢自己的工作时,他们通常也都会自发地做出回答。现如今,很多研究和文献在探讨有意义的工作对个人幸福感所产生的积极影响。毫无疑问,这样的积极影响是存在的,因为过程中人们能够认同自己的工作、践行自己的价值观并贡献自己的力量。即使在面临巨大挑战和艰巨任务的时候,人们对工作的责任感也会被体验为一种内在的满足感。

人生价值同时也是一个关于内在态度的问题。我们需要一个更深层次的意义,我们想知道,为什么我们每天要花费大量时间去完成各项任务,这对我们来说到底有什么好处?在医疗或发展援助行业,答案是显而易见的。但在其他行业类型中,我们同样可以找到属于自己的意义。因此,我们应该去思考工作对我们的意义。

对人生意义的讨论,可以通过那个著名的建造大教堂的三名泥瓦匠的故事来表达。

整体观念

一位路人在一个大型建筑工地旁驻足观看,这里有三名泥瓦匠正在专心工作。那人看了一会儿,然后向第一位泥瓦匠问道:"你在做什么呢?"泥瓦匠惊讶地看着他,然后说:"我在砌一块石头。"路人又来到第二位泥瓦匠面前,问了他同样的问题。后者显然十分自豪,他回答道:"我正在制作一个尖拱形的窗户。"而对同样的问题,第三位泥瓦匠带着闪亮的目光回答道:"我正在建造一座大教堂,一个人们聚集在一起唱歌和祈祷的礼拜场所。"

我在砌一块石头。   我在制作一个尖拱形的窗户。   我在建造一个对所有人开放的礼拜教堂。

图 7-2 "你在做什么?"[1]

---

[1] Illustration in Anlehnung an Werner Tiki Küstenmacher.

在辅导过程中，本尤其致力于寻找属于自己的价值观与人生意义。通过参加职业培训和辅导，他产生了许多新的想法；同时，新的人生价值观使他能够更加顺畅地与人交流：他能够更加清楚地表达出对自己重要的事情。在他亲近的同事圈子里，他提出了一个"为什么问题"："我们为什么要做我们现在正在做的事情？"这个问题很快帮助他们建立了属于自己的行为模式。因为结果表明，一些任务会被所有人认为是无关紧要甚至毫无意义的。所以每个人都开始尝试把注意力集中在那些真正重要的事情上，并开始对一些旧的事物产生怀疑或决定放弃，因为它们看起来毫无意义，并且是一种纯粹的时间浪费。在进行团队讨论和会议期间，他们尤其关注到了这一点。他们开始减少一些活动以减轻负担，同时促进团队的凝聚力和向心力。

7.6 整体人生观

工作和私人生活之间的平衡对保持我们的生活满意度和生命活力至关重要。如果我们在工作中遇到了困难，不知道该如何处理，那么私人生活中的平衡能够帮助我们渡过难关。同样，如果我们的私人生活领域充满了不确定性，我们也可以在工作中找到自我价值。生活中其他领域的稳定能够给予我们力量，帮助我们更好地应对挑战。相反，如果职业和生活领域中都困难重重，我们就会缺乏一个能量补给站。达成平衡十分重要，因为在生活中很难事事如意。因此，保持对生活的整体观至关重要。

在辅导过程中经常会发生这样的情形：客户带着职业领域的相关问题来寻求帮助，却很快发现，其实在工作中整体一切都好，只有一些小事令人烦恼。而如果私人生活中的压力并不是很大，那么一切问题都将更容易解决。职业领域之外的压力往往包括：人际关系问题、孤独、养老、健康问题，以及对自己或重组家庭子女的抚养问题。生活中有太多让我们高兴或悲伤、疲惫或欢笑的事情。因此，为了保持长期的幸福感和平衡，我们一定要明确感知自己的底线之所在。

化解冲突以减轻压力

未解决的冲突是工作生活中的头号压力，[1] 我认为这一点至关重要。当不同的人相互遇见并在一起工作时，一定会不可避免地有所碰撞。当遭遇这样的冲突时，我们会感到并不愉快甚至绝望，但对我们来说仍然很有意义的事情是，我们能够直视对方的眼睛说：我不同意，我有不同的价值观或完全相反的

---

[1] Vgl. z. B. https://www.researchgate.net/publication/228079263_Soziale_Stressoren_am_Arbeitsplatz/link/0f317534e429c20468000000/download.

态度，我的社会化过程与你不同，但我可以容忍你与我的差异。所以，就让我们去尽力一试吧。

科学研究表明，无知和盲目会破坏工作氛围和影响公司发展。当然，最重要的是，它会降低个人的工作和生活满意度。我们并不是必须或能够解决所有冲突；但有时候，我们需要外部的支持，或单纯需要时间。冲突往往不是一夜之间形成。因此，有时我们需要在工作中发现与同事之间的冲突苗头。然后无论何时何地，依靠自己的力量去寻找其他的可能方案来解决冲突，并作为自己未来的设计者主动作为，此外别无他法。

总而言之，我们每个人都需要实现不同领域之间的平衡：活动与休息、紧张与放松、清醒与睡眠，以及变化与坚守。而在这个过程中，至关重要的就是一个能够给予我们安全感、于我们有益且充实我们的氛围和环境。这样我们就能够更加轻松地接受新事物。我们将不仅可以掌控我们的生活和工作，而且能在这个瞬息万变的世界中把握自己的人生方向，塑造自己的未来和享受我们的生活。如果我们能以成长型思维模式去面对时代的课题，对自己和自己的行为负责并积极展望未来，那么我们将在这个不断变化的年代获得满意的工作度和生活质量。

可能无处不在

无论你从事哪个行业，持续性发展能力都是必不可少的。当持续性发展能力与有意义的工作相结合，当新的工作技能与应对变化的积极心态同时具备，我们就不会对即将发生的事情产生恐惧。人与人之间的紧密联系是形成个人安全感的另一个重要基础。信心和创造性也同样不容忽视。只有这样，人们才可以冷静地处理事情并自如地应对困难。变化将会是每个人生活中的一部分，尤其是在工作生活中。一些职业会消失，当然也会有一些新的职业形成。变化就是这样产生的，而它也会是我们生活的常态。

正如本、雅思敏和卡塔琳娜所经历的那样，他们开始将未来掌握在自己的手中，并突然意识到，生命中的可能性远比大家一直以来以为的要多得多。

对个人思维模式的探讨帮助本解开了自己的困惑。现如今，对提问"现在的自己真的是我想成为的那个自己吗"他已经可以十分自信且明确地给出肯定回答"是的"。那么，促使本去探讨这个问题的起因是什么呢？他开始意识到他正在固守一些陈旧的思维模式，以及他的同事告诉他，他经常会拒绝一些新的意见和创意。而事实上，他一直认为自己是具备灵活和创新头脑的。在最初听到这样的反馈并经历了一瞬间的诧异后，本开始反思自己和自己的行为模式。他渐渐拨开了眼前的迷雾，并意识到自己不能一直这样自我感觉良好下去，因为现在的他确实更倾向于选择具有双重保险和更多安全导向的行为。通过参加一系列敏捷方法的活动与培训，他可以和形形色色的人聚在一起。最初，他感觉自己的世界被完全颠覆了，新的思维模式以及一种对他而言完全陌生的、对同事和流程的信任，让他感受到了一种与人交往的全新质感。本开始变得越来越勇敢，并开始将"错误就是学习机会"这样的心态带入生活的其他领域，而这反过来又帮助他实现了自我放松。他变得越来越具有好奇心，并认为现在的自己是放松且适应性强的，他认为自己在新型工作和敏捷方法领域具有较高的工作能力——而最重要的是，他现在已经掌握了如何在合适领域应用新型工作方法的诀窍。当然，也包括在必要时使用和发展旧的工作方法。

雅思敏参加辅导的最初动机是发现适合自己的职业选择和克服拖延症，她担心自己无法满足未来的发展要求。然而她从未想过，观念上的细微改变以及在正确方向上的小步前行能够给自己带来如此巨大的积极效果。在这个过程中，"零思维开关"是一个对她来说重要的象征标志。事实上，她将接待铃声设置为自己的"零思维开关"，而这个铃声就是她寻找自身动力的标志。她的个人经验可以总结如下："是否采取行动的最终决定权在我自己。如果我什么都不做，那么一切都会停滞不前，而这是我所完全不想看到的。"在这一过程中，她条理清晰地对自己为什么会将一些悬而未决的事情长久搁置一旁的行为进行了分析。现如今，雅思敏会有意避免让自己坐在一处无所事事。这使得她能在不违逆自己内心的同时，减轻自身压力。通过拓展数字化能力她获得了更多的自信，也得到了更多的职业发展可能。雅思敏曾多次调整自己的职业发展规划。她此前所在的部门由于新型工作流程的引入而进行了裁员。面对这种情况，雅思敏不断发展和完善自身能力并积极把握机会。现如今，她已经可以在另一个部门中充当不同项目团队的领导者角色，并利用自己的新知识为其提供指导意见。她成为数字化学习方法的忠实拥护者，并说道："此时不做，更待何时？"当然，我们要以极具创造性的方式迈出第一步。现在，雅思敏感到十分满足，并做好了应对未来的准备。即使她清楚地知道，这个世界上永远学无止境。

卡塔琳娜则为自己选择了一条与众不同的道路。她将自己的工作时间减少了一半，并与一位曾经的同事共同开办了一家网上商店。经历了最初组建阶段的困难与挫折，现在这家商店受到了越来越多顾客的喜爱，即使这家网店现在还没有为她带来巨大的盈利收益，但这是她倾注心血去完成的事业。卡塔琳娜说："作为一个比较内向的人，我不想每天与过多的人保持密切往来。在曾经的就业岗位上，每周在办公室中工作两天半已经是我的极限了。在辅导过程中，我认识到内向并不是弱点，而只是人与人之间的差异，我也可以像其他人一样发挥自己的优势。现在，我努力让更多人听到我的声音并保持真实。我对自己的能力有了更加清晰的认知，并勇敢地面对未来。对舒适区的认知让我变得更加灵活，每当我犹豫不决或缺乏勇气时，我都会问自己：我不想这样做是因为其他的方式更加方便，还是我确实有充分的理由去反对它？"

电子商务已经成了卡塔琳娜生命中不可或缺的一部分。她意识到自己曾经在不经意间积累了大量的知识，并时刻保持对工作和生活平衡的关注。而十分有趣的是，现在回想起来这些并不属于枯燥的学习过程。而她也庆幸，在过去的时间里她曾经得到了许多朋友的支持和帮助。

辅导是促进个人发展的绝妙方法，因为在这个过程中你并非孤身一人，而是有教练或辅导伙伴在身旁。团队或集体也同样有助于个人和集体的发展。人们可以对一些此前或许无法深入了解的问题做出回答，并从外界获取动力。同时，人们可以更加轻松地发现和发挥自身潜力，相互促进提升并将注意力集中在真正重要的事情上。

本、雅思敏和卡塔琳娜已经成了他们工作生活和未来的主导者。自我反思、对自己和他人有意识地欣赏以及对即将发生事情的积极关注都帮助他们形成了一种新的人生态度。他们具备了一种容错、开放和灵活的心态。当然，这并不意味着他们此后将一帆风顺，或再也不会面对任何挑战与冲突；也不意味着他们现在所从事的职业会一直存在。但他们已经可以轻松地应对变化。他们具备了可持续发展的能力，并能够从容，至少轻松地面对未来。

反思你的学习经历

反思你的学习经历

反思你的学习经历